云南师范大学学术精品文库

Research on the History and Teaching of Statistical Concepts

统计概念的历史与教学研究

吴　骏⊙著

科 学 出 版 社
北　京

内 容 简 介

数学史与数学教育（HPM）是中小学数学教育的一个研究领域。在统计教学中融入数学史，有助于学生对统计概念的理解。本书深入挖掘统计核心概念“平均数”“中位数”“众数”的历史现象，开展了 HPM 教学的实证研究。全书围绕教学内容、学生、教师三个方面，系统研究了课堂教学中运用数学史的教学活动、数学史融入统计概念教学后学生学习认知发生的变化以及对教师专业发展产生的影响。

本书可为师范院校的师生研究统计历史与教育提供参考，也可作为中小学数学教师从事教学研究的参考资料。

图书在版编目（CIP）数据

统计概念的历史与教学研究 / 吴骏著. —北京：科学出版社，2022.6
ISBN 978-7-03-072559-2

Ⅰ. ①统…　Ⅱ. ①吴…　Ⅲ. ①概率统计–研究　Ⅳ. ①O211

中国版本图书馆 CIP 数据核字（2022）第 100635 号

责任编辑：崔文燕 / 责任校对：杨　然
责任印制：李　彤 / 封面设计：润一文化

科学出版社 出版
北京东黄城根北街 16 号
邮政编码：100717
http://www.sciencep.com
北京建宏印刷有限公司 印刷
科学出版社发行　各地新华书店经销
*
2022 年 6 月第　一　版　开本：720×1000　1/16
2023 年 1 月第二次印刷　印张：14 1/2
字数：272 000

定价：99.00 元

（如有印装质量问题，我社负责调换）

前　言

我国新一轮的中小学数学课程改革，其中一个明显的变化是大幅度增加了概率统计的教学内容，使其成为继代数和几何之后的又一重要领域。由于统计内容进入中小学课程的时间还很短，因此，统计教学在中小学教学中相对薄弱，如何加强统计教学成为课程改革的一个重要研究问题。

近年来，数学史已经成为数学课程的重要组成部分。人们逐渐认识到数学史对数学教育的价值，提倡在数学教学中运用数学史。数学史与数学教育（HPM）确立以来，特别是20世纪80年代以来，国内外数学教育家、数学教师对于数学史在数学教学中的具体运用进行了积极探索，为数学史融入数学教学创造了必要条件。虽然HPM在数学的很多领域产生了广泛影响，但数学史融入统计教学方面却很少有人进行探讨。究其原因，可能是由于统计历史研究困难，以及不了解数学史知识与统计教学的具体结合。在数学知识的学习中，概念教学是最基本的。在统计内容的教学中，统计量的计算相对简单，但要真正理解其意义却是困难的。已有研究表明，学生对统计概念的理解具有一定的历史相似性，这进一步支持了教师在统计教学中运用数学史的观点。我们需要探究如何挖掘统计概念的历史，如何在统计概念教学中融入数学史并检验其产生的效应。本书试图以“统计概念的历史”为视角，通过 HPM 的教学实践来探讨统计概念的教学问题。

本书第 1 章简要介绍了研究背景、研究意义和研究问题。第 2 章和第 3 章分别对数学史融入数学教学和统计概念教学的研究进行了梳理。数学史融入数学教学的研究历来有两个问题：为何在数学教学中融入数学史？如何在数学教学中融入数学史？由于数学史的教育价值以及数学学习的历史相似性，人们已经普遍认同在数学教学中应融入数学史内容。至于如何融入，主要涉及数学史融入数学教学的材料、方法、模式和设计等。数学史融入数学教学的有效性归根结底要经过课堂实践的检验，因此，本书进一步分析了数学史融入数学教学对学生情感因素和学习认知的影响，以及对教师专业成长的影响。此外，本书还从程序性理解和概念性理解两个方面梳理了学生对统计概念的理解，以及学生认知发展的水平及其差异的研究。

第 4 章以弗赖登塔尔（H. Freudenthal，1905—1990 年）的现实主义数学教育思想（RME）为指导，选取统计学中的平均数、中位数和众数等核心概念，采用单组实验的方法，在八年级进行了数学史融入统计概念教学的一项实验研究设计。

第 5 章深入挖掘核心概念“平均数”“中位数”“众数”的历史现象。统计概念的历史研究是困难的，对历史现象的分析，不是简单描述概念的历史发展过程，而是尽量寻找一些对课堂教学具有启示意义的历史材料，根据历史现象来设计教学活动。这些历史现象主要包括利用平均数估计大数、中点值是算术平均数的前概念、古希腊几何中的平均数、我国古代数学文献中的平均数、古印度数学文献中的平均数、平均数的公平分享、多次测量取平均数可以减少误差、平均数不一定具有实际意义、中位数与误差理论、中位数与概率分布、中位数的稳健性、众数表示重复计数中的正确值、众数是非数字类型数据集中趋势的代表等。

第6章—第8章对数学史融入统计概念教学进行实证研究。该研究根据教学三角形模型，围绕教学、学生、教师三个方面进行研究：

第一，考察在课堂教学中运用数学史的具体情况。数学史在数学教学中的运用，主要体现在数学教学活动中。因此，研究者和任课教师根据统计概念的“历史现象”设计数学教学活动，由任课教师结合学生实际情况编写教案，经过反复讨论后付诸实践。为了检验数学史融入数学教学的效果，以问卷调查的形式了解学生对这种教学形式的看法，并结合个别访谈了解学生的感受。

第二，考察数学史融入数学教学后学生认知发生的变化。选取两位教师的两个教学班作为实验班，采用定量和定性相结合的混合研究方法。在研究过程中，开发了学生对统计量认知的调查问卷，拓展了可观察的学习结果的结构（SOLO）分类水平。在教学实验前后，调查了学生对所学知识的掌握情况，并以个案的形式考察了6名学生认知发展的变化。

第三，考察数学史融入数学教学对教师专业化发展产生的影响。这部分内容包括两个方面：一是考察数学史融入数学教学后，根据数学史的诠释学原理，构建四面体模型刻画教师专业发展的历程；二是通过课堂录像和访谈等形式，基于数学史的数学活动案例，考察2名任课教师对“教学需要的统计知识”（SKT）的使用情况。

本书9章对研究进行了总结与展望。

本书是数学史融入统计教学的初步尝试和探索，由于笔者学识有限，难免存在一些疏漏和欠妥之处，敬请各位专家、学者和同行批评指正。

目　　录

缩 略 语 表

GAISE	Guidelines for Assessment and Instruction in Statistics Education	《统计教育评价与教学指导纲要》
HPM	History and Pedagogy of Mathematics	数学史与数学教育
IASE	International Association for Statistical Education	国际统计学教育协会
ICME	International Congress on Mathematical Education	国际数学教育大会
ICOTS	International Conference on Teaching Statistics	统计学教学国际大会
IEA	International Association for the Evaluation of Educational Achievement	国际教育成就评价协会
ISI	International Statistical Institute	国际统计学会
MKT	mathematics knowledge for teaching	用于教学的数学知识
M3ST	middle school students' statistical thinking	中学生的统计思维
PCK	pedagogical content knowledge	学科教学知识
PME	psychology of mathematic education	数学教育心理
RME	realistic mathematics education	现实主义数学教育思想
SKT	statistical knowledge for teaching	教学需要的统计知识
SOLO	structure of the observed learning outcome	可观察的学习结果的结构
UDED	use-discover-explore/develop-define	运用—发现—探索/发展—定义

第1章 引　论

1.1 研究背景

1.1.1 统计教学的重要性

21世纪初，我国启动了新一轮中小学数学课程改革，其中一个明显的变化是大幅度增加了概率统计的教学内容，使其成为继代数和几何之后的一个主干内容。

统计是研究如何合理收集、整理、分析数据的学科，它可以为人们制定决策提供依据（教育部，2003）。目前，统计素养开始受到数学教育和统计教育学术界的广泛关注。从20世纪50年代开始，国际统计学会（ISI）就决定在世界各国的各级学校努力推进并开展统计学（包括统计与概率）的教学。目前，这个领域已经成立了自己的专业组织“国际统计学教育协会”（IASE）、专业期刊《统计学教学》（*Teaching Statistics*）和每四年一届的统计学教学国际大会（ICOTS）（李俊，2003）。2002年在南非开普敦举行的第六届统计学教学国际大会的主题是“形成一个具有统计素养（statistical literacy）的社会”。国际统计教育学会的原主席（2001—2003年）、西班牙的卡门·巴泰丽罗（Carmen Batanero）女士在会议论文集的前言中强调，一个人的统计素养有助于他认识这个世界，在了解多方面信息的基础上做出决策，能够成功地完成各种需要经过处理数据才能完成的任务，成为一个有独立见解的消费者（转引自李俊，2002）。

随着对统计教学的不断探索和实践，人们逐渐认识到对于统计学习而言，重要的不是画统计图、求平均数等技能的学习，而是发展学生的数据分析观念（史宁中等，2008）。

我国义务教育数学课程标准（2011年版）指出，在数学教学中，应当注重发展学生的数据分析观念，即了解在现实生活中有许多问题应当先做调查研究，收集数据，通过分析做出判断，体会数据中蕴涵的信息；了解对于同样的数据可以有多种分析的方法，需要根据问题的背景选择合适的方法；通过数据分析体验随机性，一方面对于同样的事情每次收集到的数据可能不同，另一方面只要有足够的数据就可能从中发现规律。

全美数学教师理事会（2004）制定的《美国学校数学教育的原则和标准》提出增加数据分析的课程内容，并要求所有学生能够：明确提出用数据表达的问题并通过收集、组织以及展示相关数据来回答这些问题；选择和运用适当的统计方法分析数据；策划和评价根据数据所进行的推理和预测。

美国《统计教育评价与教学指导纲要》（GAISE）指出：统计教学的终极目标是统计素养。统计教学分为 4 个过程：提出问题、收集数据、分析数据和解释结果（Franklin et al.，2007）。

由于统计学教学进入中小学教学的时间还很短，有关的课程、学习心理、教学和评价等方面的研究以及教师培训、教学材料的开发等领域都还留有许多空白（李俊，2003）。国外的研究相对丰富，并且形成了一些统计思维的发展框架（Mooney，2002）。我国数学课程标准已经明确将数据分析观念作为统计课程的核心。数据分析观念的内涵，主要包括通过数据收集和分析提取信息、通过数据体会随机性、利用数据解决问题。前两者更加指向统计过程和统计方法自身，后者则更加指向运用统计解决问题（张丹，2010）。对数据分析的前提是理解统计概念，因此开展统计概念的教学研究具有非常重要的意义。

1.1.2 数学教学中运用数学史的必要性

数学史对数学教育的价值在 19 世纪已被一些西方数学家认识。19 世纪末至 20 世纪上叶，欧美众多数学家、数学史家和数学教育家强调数学史对数学教育的重要价值，大力提倡在数学教学中运用数学史。国外很多学者支持数学史融入数学教学的观点，他们提出了各种不同的理由。1991 年，英国数学教育杂志《数学学习》（*For the Learning of Mathematics*）出版了一期《数学教学中运用数学史专刊》（*Special Issue on History in Mathematics Education*），福韦尔（Fauvel，1991）在文中总结了数学教学中运用数学史的十五种理由。1998 年法国马赛组织过一次“数学史与数学教育”的专题会议（ICMI-Study Conference），总结回顾了 HPM 成立以来的研究成果，并于 2000 年出版了 ICMI 研究的综合性报告《数学教育中的数学史》（*History in Mathematics Education—The ICMI Study*）。其中，察内基斯和阿卡维（Tzanakis and Arcavi，2000）从数学的学习、数学和数学活动的本质、教师的教学背景、数学的情感和数学是一种人类文化等5个方面总结了数学史对数学教育的作用。这是目前这个主题最广泛、最完整的论述。

我国学术界直到20世纪初才开始关注HPM领域。汪晓勤和张小明（2006）提出HPM研究的主要方向包括数学教育取向的数学史研究、基于数学史的数学教学设计、关于历史发生原理的实证研究、数学史融入数学教学的实验研究等。2005年5月，在全国数学史学会、西北大学联合主办的“第一届全国数学史与数学教育会议”上，学者普遍认为，需要对国际上所取得的经验进行交流和借鉴，数学史家应该走到中国数学教育改革的前台，做出一套有效可行的数学史与数学教学整合的研究方案。李文林（2011a，2011b）认为数学史研究具有三重目的：一是为历史而历史，即恢复历史的本来面目；二是为数学而历史，即古为今用，洋为中用，为现实的数学研究的自主创新服务；三是为教育而历史，即将数学史应用于数学教育，发挥数学史在培养现代化人才方面的教育功能。专门从事前两个方面研究与工作的人毕竟是少数，而数学教育中数学史的应用则需要一个庞大的队伍，这是一个影响广远的事业（冯振举和杨宝珊，2005）。但从以往的四届全国数学史与数学教育学术研讨会（2005—2011年）来看，尽管HPM实践开发已成为人们的共识，但迄今仍缺乏科学、有效的研究方法，有价值的研究成果并不多见，HPM作为一个研究领域的学术地位还有待提高。

已有研究发现，国内外数学史融入数学教学的研究不仅为数学教师的教学提供了大量可供参考和借鉴的资料，而且有力地促进了HPM的发展。近年来，随着HPM研究的深入，大量文献已经从当初对数学史运用于数学教学必要性的探讨逐步转向实践研究，越来越多的研究开始关注数学史在课堂上的实际运用。HPM成立以来，特别是20世纪80年代，国内外数学教育家、数学教师对于数学史在数学教学中的具体运用进行了积极探索，提出了数学史融入数学教学的若干方法，为数学史融入数学教学创造了必要条件（Tzanakis and Arcavi，2000；Fried，2001；Jankvist，2009a；Jankvist，2009b；汪晓勤，2012）。

1.1.3 数学史融入统计教学的可行性

虽然HPM在数学的很多领域产生了广泛影响，但如何把数学史融入统计概念教学却很少有人进行探讨。究其原因，可能是由于统计历史研究很困难。一方面是大多数数学的历史几乎没有关注到统计的历史，其原因主要是统计的出现主要来源于测地学、天文学、航海、冶金、医学、生物学和社会科学。另一方面是大多数统计学的历史研究开始于1660年，很多学者认为这是统计与概率的开端（Hacking，1975；Kendall，1960），但真正的历史研究却集中于19世纪。不过，目前有学者已经对统计的历史发展有了进一步的研究，为融入统计教学奠定了基础（Hacking，1975；Hald，1990；Stigler，1986；陈希孺，2002）。

对历史现象的分析，不是描述概念的整个历史发展过程，而是尽量寻找一些对课堂教学具有启示意义的历史材料，根据历史现象来设计教学活动，并运用于教学实践。深入开展数学史知识与统计概念教学的具体结合，不仅可以丰富HPM理论，还能对中小学的统计教学实践提供具体指导。

综上，统计学的历史发展为数学史融入统计教学提供了可行性。

1.2 研究问题

本书研究是一项数学史融入统计概念教学的实验研究。此时，教学内容已不再是单纯的统计内容，而是包含数学史成分的结合体。研究问题包含两个方面的内容。

一是挖掘统计概念的历史现象。著名数学史学家约翰·福韦尔（John Fauvel）和范·曼纳（van Mannen）曾指出："对于数学史引入数学教学的研究，乃是数学教学研究的重要组成部分"（转引自Bagni，2000a）。M.克莱因说："历史是教学的指南"（莫里斯·克莱因，2002）。根据历史发生原理，了解所教主题的历史是教师教学需要的准备工作。因此，深入挖掘统计概念的历史现象是本书研究的前提。

二是基于数学史深入开展统计概念教学的实证研究。兰珀特（Lampert，2001）在亲身经历课堂教学的基础上，把教师、学生、教学内容三者之间的关系隐喻为一个三角形，三个因素彼此之间相互影响，刻画了课堂教学的复杂性（图1-1）。兰珀特认为，在课堂教学中，教师的教学就是在学生、教学内容以及学生与教学内容的联结之间产生作用，学生则在教师引导的课堂教学情境中学习。

HPM教学的实施使学生、数学和教师之间形成了"互动"，为此，我们提出了以HPM教学为中心，构建教师、学生和数学内容三位一体的课堂教学模型，即基于数学史的教学三角形（图1-2）。本书研究以平均数、中位数和众数概念为

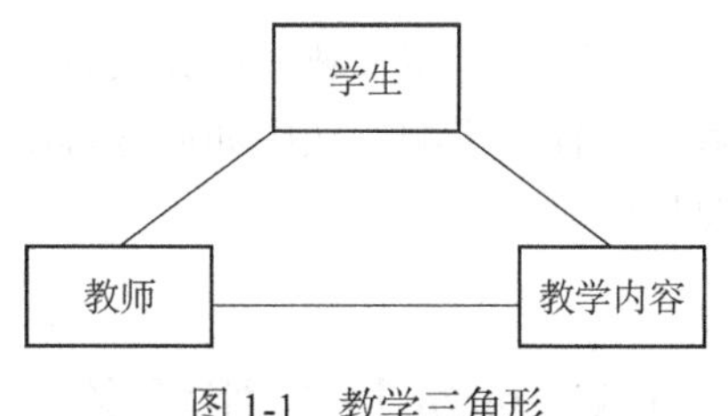

图 1-1 教学三角形

内容载体，基于数学史的教学三角形模型，旨在探讨课堂教学活动、学生学习认知和教师专业发展三个方面的问题。

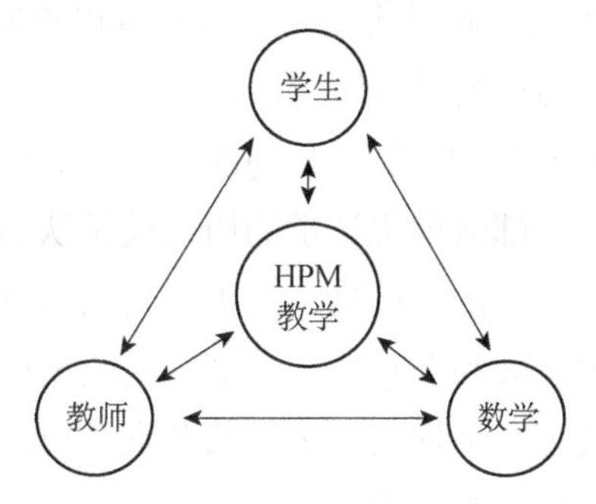

图 1-2 基于数学史的教学三角形

（1）如何利用数学史设计统计概念教学需要的数学活动？

数学课堂教学是本书研究的基础。“数学教学是数学活动的教学”，因此数学史融入统计概念教学主要通过数学活动来实施。该问题主要探讨如何基于数学史设计数学活动、学生如何看待数学史融入课堂教学、数学活动有哪些具体特征。

（2）数学史融入统计概念教学，是否促进了学生的学习认知？

数学史融入数学教学的有效性促进了学生的学习认知。该问题主要探讨数学史融入统计概念是否加强了学生对统计概念的理解、主要表现在哪些学习内容上、促进学生学习认知的原因是什么。

（3）数学史融入统计概念教学，对教师的专业发展产生了怎样的影响？

数学史融入数学教学，还有利于教师的专业发展。本书研究从教师专业发展的过程和教师知识的使用两个方面进行探讨：一是数学史介入教学后，教师的专业发展分为哪几个阶段，有什么异同；二是教师教学需要的统计知识的使用情况如何，存在哪些方面的缺失。

事实上，上述教学问题中的任何一个部分和数学史结合起来，都可以成为一个十分重要并具有足够深度和广度的专项研究。由于这三个概念在初中教学中课时有限，可能导致在某些方面无法进行较为深入和细致的研究，因此决定把这三个方面的内容放在一起研究，这样可以提供一个较为完整和系统的关于数学史融入统计概念教学的全貌，从中可以考察：数学史介入教学后，课堂中到底发生了什么？对学生和教师究竟产生什么影响？从中如何分辨出三者之间的相互关系？这些正是本书研究的主要目的。

1.3 研究目的和意义

本书选取统计学中的平均数、中位数和众数概念，在八年级进行了数学史融入统计概念教学的实验研究。通过研究，一方面可以丰富 HPM 理论，另一方面还能对中小学的统计教学实践提供具体指导。

1）挖掘统计概念的历史。陈希孺（2002）指出，如果我们从理论的角度也走一点极端，则可以说，一部数理统计学的历史就是从纵横两个方向对算术平均数进行不断深入研究的历史。由此可见，算术平均数在统计概念中的重要性。在统计教学中，平均数、中位数和众数这三个概念是紧密联系的。本书研究通过对历史现象的深入挖掘，梳理了平均数、中位数和众数概念的历史现象，为数学史融入统计概念教学奠定了厚实的基础。

2）开发了统计概念教学案例。本书研究根据统计概念的历史现象设计了数学活动，并付诸实践。平均数、中位数和众数是初中统计概念教学研究的热点，但很少用数学史进行教学设计，用于教学实践的就更少了。本书研究开发的统计概念的数学活动案例，对统计概念的教学具有重要的借鉴价值。

3）建立了 HPM 和其他理论的联系。数学史融入数学教学，必然要与数学教育的一些重要理论产生联系。本书研究通过在统计概念教学中融入数学史，考察学生的认知变化和教师的专业发展，把 HPM 与数学教育心理（PME）以及教师教学需要的统计知识产生联系，丰富了这个领域的理论。

4）为统计概念的教学研究提供了新的视角。统计概念的教学是一个重要的研究领域。国外主要以考查学生认知的实证研究为主，而国内大多仍局限于教学设计、考试等方面的问题，而对学生的认知发展关注不够。因而，本书研究为基于历史的统计概念教学研究提供了新的视角。

第 2 章

数学史融入数学教学的研究现状

本章对数学史融入数学教学的研究进行系统梳理。第一，回顾为何及如何在数学教学中融入数学史的问题；第二，讨论数学史与学生学习的研究；第三，探讨数学史与教师专业发展的研究。

2.1 为何在数学教学中融入数学史

提倡在数学教学中融入数学史的历史很长。虽然很多学者提出了支持在数学教学中融入数学史的理由，但在课堂教学实践中仍存在一些困难。

2.1.1 数学史的教育价值

早在 19 世纪，欧美学者就认识到了数学史对数学教育的意义。法国数学家泰尔凯（O. Terquem，1782—1862 年）、英国数学家德摩根（A. De Morgan，1806—1872 年）、丹麦数学家和数学史家邹腾（H. G. Zeuthen，1839—1920 年）等都强调了数学史的教育价值（汪晓勤，2001，2002；赵瑶瑶和汪晓勤，2007）。HPM 先驱者、美国数学史家卡约黎（F. Cajori，1859—1930 年）指出，一门学科的历史知识乃是“使面包和黄油更加可口的蜂蜜”，“有助于使该学科更具吸引力”（Cajori，1899）。他在《数学史》（*A History of Mathematics*）前言里指出，通过数学史的介绍，教师可以让学生明白：数学并不是一门枯燥呆板的学科，而是一门不断进步的生动有趣的学科（Cajori，1911）。另一位 HPM 先驱者、美国数学史家和数学教育家史密斯（D. E. Smith，1860—1944 年）认为，数学史展现了不同方法的成败得失，因而今人可从中汲取思想养料，少走弯路，获取最佳教学方法（Smith，1900）。

HPM 确立之后，西方学者对为何在数学教学中融入数学史进行了更为广泛的探讨。福韦尔（Fauvel，1991）总结了数学教学中运用数学史的一些理由：①创造学生的学习动机；②给予数学一个人文面向；③历史发展有助于安排课程内容顺序；④向学生展示概念的发展过程，有助于他们对概念的理解；⑤改变学生的数学观；⑥通过古今方法的对比，确立现代方法的价值；⑦有助于发展多元文化进路；⑧为学生提供探究的机会；⑨历史发展中出现的障碍有助于解释今天学生的学习困难；⑩学生知道并非只有他们自己有困难，因而会感到欣慰；⑪培养优秀学生的远见卓识；⑫有助于解释数学在社会中的作用；⑬使数学不那么可怕；⑭探究历史有助于保持对数学的兴趣和热忱；⑮提供跨学科合作的机会。其中，③和⑨的依据实际上就是所谓的“历史发生原理”，这是数学史融入数学教学的重要理论基础。

我国学者汪晓勤和林永伟（2004）研究了美国数学史家和数学教育家对数学史教育价值的论述，把数学史的教育价值归纳为以下几点：激发学生的学习兴趣、改变学生的数学观、使数学人性化、让学生从原始文献汲取数学家的原始思想和社会文化信息、帮助学生更好地理解和欣赏数学、增强学生的自信心、通过历史可以了解学生学习数学的困难和认知过程、为教材编写提供借鉴等。最近，汪晓勤等在 HPM 课例研究中，把数学史的教育价值概括成知识之谐、方法之美、探究之乐、能力之助、文化之魅、德育之效六类（Wang et al.，2017）。

萧文强（1987）认为，“谁需要数学史？”和“谁需要数学史!”表明了两种不同的态度，前者意味开诚的探讨，后者意味既定的否定看法。他列举了数学史运用于数学教育的理由：①引发学习动机，从而使学生及教师本人保持对数学的兴趣和热情；②为数学平添“人情味”，使它易于亲近；③了解数学思想发展的过程，能增进理解；④对数学有较全面的看法和认识；⑤渗透多元文化观点，了解数学与社会发展的关系，并提供跨学科合作的通识教育；⑥数学史为学生提供进一步探索的机会和素材（萧文强，1992）。

刘（Liu，2003）提出了在数学教学中运用数学史的 5 条理由：①数学史能帮助学生增加学习动机，发展积极的学习态度；②历史发展过程中出现的障碍有助于解释今天学生学习的困难；③历史问题能帮助学生发展学习思维；④历史揭示了数学知识的人文面向；⑤历史能引导教师进行教学。

张奠宙和宋乃庆（2004）认为，数学史的作用主要有三个方面：第一，帮助理解数学；第二，提高对数学的宏观认识；第三，数学史可以对学生进行人文教育，进行美育熏陶。

此外，还有很多国内外学者提出了支持数学史融入数学教学的观点（Ransom，

1991；Arcavi，1991；Heiede，1992；Bidwell，1993；Wilson and Chauvot，2000；Marshall and Rich，2000；Ernest，1998；杨渭清，2009；钟雪梅，2012；郭熙汉，1995；骆祖英，1996；周友士，2005；王青建，2004；张定强，2012）。国外学者大多从不同的侧面探讨数学史融入数学教学给教师和学生带来的有益之处。在我国，谈“为何运用数学史”的文献远比“如何运用数学史”的文献要多得多，不过，除了培养爱国主义情感等作用外，国内相关文献中所列的教育价值大多包含在福韦尔的 15 条理由以及其他西方学者的结论之中。

讨论数学史教育价值的文献很多，理由也很详尽，但却很零散，缺乏系统性。近年来，一些学者采用分类的方法对数学史为何融入数学教学的观点进行了讨论。就目前而言，这个主题最广泛、最完整的论述是察内基斯和阿卡维（Tzanakis and Arcavi，2000）提出来的。他们从数学学习、关于数学本质和数学活动观点的发展、教师的教学背景与知识储备、数学情感、数学作为文化活动的鉴赏等 5 个方面总结了数学史支持、丰富和改进数学教学的 17 条理由。此外，还有学者从不同角度提出了另外的分类。如古利克斯和布卢姆（Gulikers and Blom，2001）把运用数学史的观点分成概念性的、多元文化的和动机性的三类，每一类又从教师和学生两个方面进行区分。詹奎斯特（Jankvist，2009a）将数学史的作用分成“工具”和“目标”两类。

2.1.2　历史相似性

数学教育研究表明，数学的历史发展对学生理解数学知识起到了重要作用。学生学习数学的思维过程和数学思想的发展分属两个不同的领域，即心理学和历史学，二者常依据德国生物学家海克尔（E. Haeckel，1834—1919 年）提出的“生物重演律”进行联结，即“个体发育重蹈种族发育史”。后来，人们将这个生物学定律运用于教育中，得出“个体知识的发生遵循人类知识发生的过程”。就数学教育而言，它指的是个体数学理解的发展遵循数学思想的历史发展顺序，这就是历史发生原理，也就是我们通常所说的“历史相似性”。

对于个体发育与种族发展史之间的关系，皮亚杰和加西亚不是在历史与心理发生发展之间寻求内容的相似性，而是从认知的心理机制出发，寻求从一个历史时期到下一个历史时期的转变机制。他们指出：“在科学思想史从一个阶段到下一个阶段实现的发展除了一些罕见的特例一般不是连续的，但可以是有序的，正如心理发生的过程中存在着有序‘阶段’的形式”（皮亚杰和加西亚，2005）。他们还指出，从一个历史时期到下一个历史时期的转变机制与从一个心理发生阶段到下一个心理发生阶段的转变机制是类似的。与皮亚杰和加西亚的观点不同，维果斯基（L. Vygotsky，1896—1934 年）强调了文化的认识论作用。按照维果斯基的观点，数学的历史发展和课堂教学是两个不同的现象，在文化、社会、心理和教学环境等方面存在较大的差异，个体思维发展是由生物过程和历史文化共同决定的，因此“历史发生原理”运用于数学教学存在一定的困难。不过，虽然社会历史条件在每一个阶段都是不同的，但人类获取知识的心理机制却是相似的。

衔接心理和历史现象的一种认识论上的假设是对学生数学学习中认识论障碍特征的刻画。法国科学哲学家巴什拉（G. Bachelard，1884—1963 年）最先提出了认识论障碍的理论。认识论障碍不是通常意义上外在的障碍，而是指在认识活动内部出现的迟钝与混乱。在人的认识过程中，只有不断跨越精神本身的障碍，纠正错误的认识才能获得真理（赵瑶瑶和张小明，2008）。20 世纪 70 年代，布鲁索（G. Brousseau）将认知障碍理论引入数学教学中。数学历史发展过程中出现的障碍又在当代个体数学学习中重演，这就是他所说的认识论障碍特征，他指出“内在的认识论障碍在构建新知识的过程中起到了重要的作用，它们是不能也不可避免的。人们可以通过了解概念的历史发展去认识这些障碍”（转引自 Radford，2000）。因此，教师在数学教学中，应选用合适的概念起源问题，构建或再现教学情景，帮助学生识别并克服这些认识论障碍。

皮亚杰、加西亚、布鲁索的观点为历史发生原理提供了支持，从而为在数学教学中运用数学史奠定了重要的理论基础。各国学者对代数、几何、概率统计的相似性研究都有所涉及，还有大学的微积分，但相对较少（表 2-1）。总体来看，研究范围还不是很广泛，需要拓广研究领域。同时也发现，国内外学者对某些概念的研究结论基本是一致的，这充分说明了历史相似性的存在性，进一步支持了在数学教学中运用数学史的观点。历史发生原理可以用来预测学生的认知障碍，诊断产生障碍的根源，从而有针对性地制订相关教学策略，帮助学生顺利跨越学习障碍（吴骏和汪晓勤，2013a）。

表 2-1　历史相似性实证研究部分案例

内容	作者
代数	Harper，1987；Bagni，2000；Moreno and Waldegg，1991；Radford and Puig，2007；Farmaki and Paschos，2007；汪晓勤和周保良，2006；汪晓勤等，2005；任明俊，2007；张连芳，2011
几何	Keiser，2004；Zormbala and Tzanakis，2004；Thomaidis and Tzanakis，2007；皇甫华，2009；殷克明，2011
概率统计	Bakker，2003；Tzanakis and Kourkoulos，2004；沈金兴，2006，2007，2008
微积分	Durand-Guerrier and Arsac，2005；Juter，2006；王苗，2011

总体来看，国内外学者强调在数学教学中融入数学史，不仅有数学本身的因素，还有情感、文化和认知等方面的因素。事实上，对于数学史价值取向的认识至关重要，因为它直接影响到数学史融入数学教学中的途径。以前，人们一直比较注重数学史的情感效应，现在世界各国的数学课程改革也强调了数学史的文化因素和认知效果，进一步拓展了关于为何数学史应该融入数学教学的讨论。

2.2　如何在数学教学中融入数学史

数学史融入数学教学已经得到了普遍的肯定，但对于如何融入的问题还留有很大的空间。HPM 确立以来，不少学者对如何在数学教学中融入数学史做了许多有益的探索和尝试。

2.2.1　数学史融入数学教学的材料

数学史融入数学教学的首要问题是材料的选择和运用。察内基斯和阿卡维（Tzanakis and Arcavi，2000）将教学中使用的数学史材料分为三类：直接取自于原始文献的原始材料；叙述、解释和重构历史的二手材料；从原始材料和二手材料提炼而来的教学材料。其中，教学材料是最为缺乏的，也是教师在教学中最迫切需要的。

扬克等（Jahnke et al.，2000）认为，有三个普通的思想最适合描述运用原始材料产生的特殊效果。①替换：数学史融入数学教学与常规做法有所不同，它可以把数学看成是一种智力活动，而不是知识和技巧的汇聚；②重新定向：数学史的融入使得原本熟悉的内容变得陌生，这就需要重新调整我们的思维方式；③文化理解：研究原始材料需要在一个特殊的历史时期，把数学的发展置于当时的科学、技术和社会背景来考虑。

数学史融入数学教学，有必要区分原始材料和二手材料的运用。学生阅读原始材料时，需要对实际发生的事情作出自己的诠释，而二手材料呈现的是历史学家对历史的描述和诠释，学生在作出自己的选择和评判时会受到历史学家观点的影响（Jankvist，2009a）。也就是说，在教学中运用原始材料时，学生需要亲自探究，而对于二手材料则不必如此。不过，在运用二手材料时，需要谨防二手材料本身所受的“污染”。在数学史融入数学教学的过程中，确保二手材料的科学性是我们需要注意的问题。

弗林盖蒂和保拉（Furinghetti and Paola，2003）提出了为课堂教学准备历史材料的路径：第一，浏览数学史的文本资料；第二，挑选出历史片段或相关作者；第三，研究原始文献；第四，准备教学材料。这个路径表明，通常情况下，阅读数学史教材中的材料往往是不够的，教师需要进一步研究相关内容的原始文献，因为原始文献能帮助人们澄清和扩展二手材料中的内容，还能对相关内容做出解释、对其价值进行评判，在此基础上得到的教学材料是可靠的，它能够把数学史成功融入数学课堂教学。

2.2.2 数学史融入数学教学的方法

在数学教学中融入数学史有很多不同的方法，这主要取决于教师的风格、信念以及选择的历史主题。

在实际教学中，一些学者针对具体话题给出了数学史融入数学教学的具体方法。福韦尔（Fauvel，1991）在《数学教学中运用数学史》专刊中总结了若干具体方法：①介绍历史上数学家的故事；②运用历史引入新概念；③促使学生用所学的知识去解答历史上的数学问题；④讲授“数学史”课；⑤利用历史上的数学教材设计课堂练习和作业；⑥引导能够反映数学相互作用的重要活动；⑦举办具有历史主题的展览；⑧提前规划局部的数学活动；⑨运用历史上的主要例子来说明方法和技术；⑩探索过去的错误、谬误和另类观点以帮助今天的学习者理解并解决困难；⑪借鉴历史发展设计一个话题的教学方法；⑫基于历史信息设计大纲范围内主题的顺序和结构。

察内基斯和阿卡维（Tzanakis and Arcavi，2000）在国际数学教育大会（ICME）研究中提出了以下方法，并给出了丰富的实例：①历史片段；②基于历史内容的研究课题；③原始文献；④学习单；⑤历史包；⑥利用谬误、另类概念、变换角度、修正假设、直观论证等；⑦历史名题；⑧机械仪器；⑨体验数学活动；⑩戏剧；⑪电影和其他可视方式；⑫户外经历；⑬网络。

比德韦尔（Bidwell，1993）提出了运用数学史的三种方式：一是在课堂上使用数学家的图片、写有出生日期的日历来讲述趣闻轶事、展示数学或数学家的邮票，这些方法可以吸引学生的注意力，激发他们的兴趣；二是在讲课过程中增加历史材料，给课堂讨论增添趣味性；三是将历史发展过程作为课程教学的一部分。

萧文强（1992）提出了运用数学史的8条具体途径：①在教学中穿插数学家的故事和言行；②开始讲授某个数学概念时，先介绍它的历史发展；③以数学史上的名题及其解答去讲授有关的数学概念，以数学史上的关键事例去说明有关的技巧方法，以数学史上的著名错误或误解去帮助学生克服学习困难；④利用原著数学文献设计课堂习作；⑤指导学生制作富有数学史趣味的墙壁、专题、探讨、特辑，甚至戏剧、录像等；⑥在课程内容里渗透历史发展观点；⑦以数学史作指引去设计整体课程；⑧讲授数学史的课程。

与为何在数学教学中融入数学史的理由类似，上述方法很具体，但不够系统，因此，有一些学者采取分类的方法进行讨论。察内基斯和阿卡维（Tzanakis and Arcavi，2000）提出了三种各不相同但又互为补充的方法：①提供直接的历史信息，如数学家传记、历史事件、数学名题，以及数学历史的书籍和课程等；②历史启发法，即对教学专题找出历史线索，重构人类发现数学的历程，使之适用于课堂教学；③数学意识的形成，指通过数学和数学的社会文化背景发展深刻的数学意识。

弗里德（Fried，2001）从数学史是否改变教学内容的呈现方式出发，区分了附加的策略和顺应的策略这两种不同的方法。在第一种方法中，数学史没有改变教学内容的呈现方式，仅仅是对已有教学内容的补充；而在第二种方法中，数学史改变了教学内容的呈现方式，但没有扩大教学内容的容量。

詹奎斯特（Jankvist，2009a）根据历史材料使用的程度，提出了另外三种方法：①呈现方法，就是在课堂教学或教科书中补充数学历史片段；②模块方法，指运用数学史设计教学单元，一般通过教学案例来实施；③基于历史法，指直接受历史启发或建立在历史发展基础之上的教学方法。

上述数学史融入数学教学的各类方法是由低层次向高层次递进的。分类的目的是便于选择数学史在课堂教学中的具体实施方法以及评估数学史的运用水平。其中，提供直接的历史信息、附加的策略和呈现方法更多地强调历史材料，而不是数学学习，尽管历史材料已经影响了学生学习的经历，但不能直接改变数学内容的教学本质。因此，这是融入历史的一种辅助性方法。

模块方法直接使用历史材料进行教学设计，而历史启发法、顺应的策略和基于历史法采用一种借鉴历史发生顺序的方式设计教学，这就是我们通常所说的发生教学法。

数学意识的形成是数学史融入数学教学的高级形式。由于数学意识与数学活动的本质有关，因此数学意识的形成并非一朝一夕能实现的，而是数学史长期融入数学教学所产生的效果。实际上，数学意识的形成并不是一种很清晰的方法，而应该渗透到其他方法之中。

在上述方法中，最常用的是发生教学法，它是一种借鉴历史、呈现知识自然发生过程、介于严格历史和严格演绎之间的方法，HPM 视角下的数学教学主要采用的就是这种方法。它的基本思想要求是学生产生足够的学习动机，并在学生心理发展的恰当时机，教师才开始讲授某个主题（Tzanakis and Arcavi，2000）。弗赖登塔尔（H. Freudenthal，1905—1990 年）把运用历史的方法称为“再创造”（reinvention），这是对发生教学法的另一种解释。

汪晓勤将各种分类方法进行整合与改进，得到附加式、复制式、顺应式和重构式四类（表 2-2）。这四种方式基本上能够涵盖已有的实践案例（表 2-3）（汪晓勤，2012；Wang et al.，2018）。

表 2-2　数学史融入数学教学的方式

类别	描述	Fauvel	Fried	Tzanakis and Arcavi	Jankvist
附加式	展示有关的数学家图片，讲述逸闻趣事等，没有直接改变教学内容的实质	方法（1）	附加法	直接运用法	呈现法
复制式	直接采用历史上的数学问题、解法等	方法（2）—方法（8）	—	直接运用法	呈现法
顺应式	根据历史材料，编制数学问题	—	顺应法	—	—
重构式	借鉴或重构知识的发生、发展历史	方法（9）和方法（10）	—	间接运用法	基于历史法

表 2-3　数学史融入数学教学部分案例

方式	作者
附加式	Marshall and Rich，2000；Brown，1991；Gardner，1911；Ofir，1911；Führer，1991
复制式	Ransom，1991；Perkins，1991；Thomaidis，1991；van Maanen，1991；Fauvel and van Maanen，2000；Kool，2003；Furinghetti and Radford，2002；Furinghetti and Paola，2003
顺应式	Bakker，2004；van Maanen，1992；Bagni，2000；Ernest，1998；Arcavi and Isoda，2007；汪晓勤，2012
重构式	De Morgan，1902；Radford and Guérette，2000；Farmaki et al.，2004；Farmaki and Paschos，2007；Panagiotou，2011；汪晓勤等，2011；陈锋和王芳，2012

国外学者在教学中运用数学史的案例较多，为我们提供了借鉴，但很少可以照搬到我们自己的课堂里。不过，我们可以借助于国外成功的经验，结合自己的实际情况，开发出更多数学史融入数学教学的具体案例，这将是我国 HPM 研究

的一个重要方向（吴骏和汪晓勤，2014）。

综上，数学史融入数学教学有很多不同的方法。在实际教学中，教师应根据不同的教学内容，采取适当的方法融入数学史，但需要提高融入的层次。洪万生（1998）强调在课堂上，教师运用数学史至少可以分成三个层次：

1）说故事，对学生的人格成长会有启发作用。

2）在历史的脉络中比较数学家所提供的不同方法，拓宽学生的视野，培养他们全方位的认知能力与思考弹性。

3）从历史的角度注入数学知识活动的文化意义，在数学教育过程中实践多元文化关怀的理想。

事实上，教师如果仅仅在课堂上讲点数学史以提高学生的兴趣，那么学生会感到数学史是他们所学数学知识之外的附加物，认为这是很久以前发生的事，没有实际的用途和意义。相反，在数学课堂中采用较高层次的融入方式，能把不同历史时期和不同领域的数学知识联系在一起，让学生经历知识的发生发展过程，把数学看成是一个动态的人类创造产物。

2.2.3　数学史融入数学教学的模式

数学史融入数学教学是一个复杂的系统工程，需要综合考虑数学史与诸多教学要素之间的关系。为此，国外学者构建了数学史融入数学教学的一些模式。

1. 教学活动设计模式

数学史的融入需要通过课堂教学活动来实施，即在课堂活动中实现教学目标。弗林盖蒂（Furinghetti，2000a）提出了如下的教学活动设计模式：了解历史资料—选择合适话题—分析课堂需要—设计课堂活动—实施教学计划—评价课堂活动。

利用这一模式进行教学，需要关注以下问题：历史材料的选取应符合学生的认知发展水平，适合相关知识点的课堂教学；课堂活动计划的制定要考虑到活动的目的和背景以及方法的可行性；在评价历史方法对数学教学的影响时，质性的方法往往比定量的方法更有效。

2. 数学概念教学模式

新概念的导入为数学史融入数学教学提供了重要舞台。格拉比内（Grabiner，1983）从历史角度考察了导数概念的 4 个发展阶段：第一，导数以例子的形式出现，用于解决一些特殊的问题；第二，在运用过程中，识别了隐藏在其中的一些思想方法，促进了微积分的发明；第三，在数学和物理的应用中，导数的许多性质得到解释和发展；第四，在一个严密的理论基础之上，给出了导数概念的严格定义。这种数学概念的教学模式为：运用—发现—探索/发展—定义（UDED）模式。该模式是根据数学思想的历史发生顺序而建立的，特别适合于数学概念的导入。达维特（Davitt，2000）极力推荐使用UDED模式，认为这种模式对于建构数学概念是极其有用的。教师不仅可以把UDED模式作为一种工具，以获得数学知识演化的历史素材，而且还可以把它作为一种教学策略运用到课堂教学中。

2.2.4 数学史融入数学教学的设计

数学史融入数学教学的首要任务是教学设计。福韦尔（Fauvel，1991）总结了数学史的12种用法，其中“借鉴历史设计一个话题的教学方法”就是指利用发生教学法进行教学设计。发生教学法是数学史融入数学教学的一种重要方法，也就是我们通常所说的HPM视角下的数学教学方法。

1. 发生教学法的基本思想

在数学教学中运用数学史，历来有两种截然不同的观点：一种观点是简单地忽视历史，认为逻辑方法才是最适合的教学方法；另一种观点与此相反，强调完全遵循数学学科的历史发展，使用原始素材进行教学。显然，这两种教学方法都存在一定的缺陷。采用严格的演绎方法，隐藏了介绍新概念、理论和证明的动机，因此很难获得对所学知识的深刻理解。另外，严格的历史方法也不适合教学。由于一门学科的历史演化从来都不是直线发展的，其间经历了停滞和困惑的时期，因此，一个新概念不可能用最简单和最明显的方式引入。为此，我们可以采用介于这两个极端之间的一种教学方法，它既不遵循严格的演绎方式，也不遵循严格的历史顺序，这就是发生教学法。此时，该主题在那个阶段所论述的问题才易被学生接受，而该主题的出现往往是由于解决问题的需要。发生教学法不是强调理论、方法和概念的运用，而是更多地关注为什么这些理论、方法和概念能够解决特定的数学问题。

发生教学法的本质是追溯一种思想的历史起源，以寻求激发学习动机的最佳方式，研究这种思想创始人所做工作的背景，以寻求他试图回答的关键问题（汪晓勤等，2011）。通常的教学法更多地强调结果，而对产生结果的问题关注不够。从逻辑的观点来看，提供答案是需要的，但是从心理学的观点来看，解决一个问题而不知道问题的起源是多么的困难，这简直就是不可能的。因此，在学习一个抽象的理论时，克服困难的最好方法就是研究问题的起源。

托普利茨（O. Toeplitz，1881—1940 年）在 1926 年的一次演讲中阐述了发生教学法的思想。他认为，发生教学法是在保持数学探究和教学结构严谨性的同时，剖析数学的演绎呈现方式，让学习者认识到数学的发展过程，而不仅仅是逻辑顺序。他在 1963 年出版的《微积分：发生方法》一书中，探索了极限、导数、积分等关键概念和微积分基本定理的思想起源，详细阐述了发生教学法在微积分教学中的实际应用（Toeplitz，2007）。

弗赖登塔尔（1995）提供了发生教学法的另一种解释。他将运用历史的方法称为"再创造"，即应该让学生体验到：如果古代人有幸具备我们现在拥有的知识，他们是如何把那些知识创造出来的。这就意味着，学生要利用已有的知识，把要学的东西创造去或发现出来，教师的任务不是把现成的知识灌输给学生，而是借助于历史设计教学活动，引导学生沿着历史发展的路径，了解知识的发生发展过程，以帮助他们实现这种再创造的工作。

2. 发生教学法的主要特征

（1）主题引入的必要性与可接受性

发生教学法强调借鉴历史引入主题，但需要掌握恰当的教学时机。由于学生学习某个主题往往是由于解决问题的需要，因而教师在教学中需要关注"主题的必要性"和"主题的可接受性"。其中，"主题的必要性"指教师要激发学生的学习动机，让学生认识到所引入的新主题乃解决问题的需要；"主题的可接受性"指教师需要寻找学生的认知起点，所引入的新主题建立在学生已有知识基础之上。波利亚（G. Polya，1887—1985 年）提出教学的三原则，即主动学习原则、最佳动机原则和阶段序进原则，是与上述特征相一致的。发生教学法就是要求实现教学三原则的有机统一。

（2）历史融入的显性与隐性

发生教学法需要对历史进行重构，重构的历史可能是显性的，也可能是隐性的。显性的历史融入就是让数学的发现从教学的各个方面表现出来。它通过对一些确定历史时期的描述，按照主要历史事件安排教学进程，尽量显示数学的演化和进步。隐性的历史融入关注的是历史的思想方法，教学的过程不必遵循历史事件出现的顺序，而是从这个主题目前的概念形式和逻辑结构来了解历史的发展。需要注意的是，这两种历史融入的方式虽然彼此相互独立，但并不是相互排斥的，它们在同一个主题的教学中互为补充。

（3）教学形式的直接性与间接性

发生教学法分为两种不同的教学形式，即直接发生式与间接发生式。如果要追溯一个概念的起源，那么数学教学就有两种方法可供选择：第一种方法是教师可以直接给学生呈现这个概念的历史起源，把问题和事实放在学生的面前，这就是直接发生式；第二种方法是教师引导学生从历史的角度去分析这个概念的实际意义和真正精髓，教学中不必讨论它的历史发展过程，但却遵循了它的历史发展规律，这就是间接发生式（Jankvist，2009a）。换言之，直接发生式需要使用历史材料，历史的融入是显性的；而间接发生式不必提及历史细节，历史的融入是隐性的。

3. 发生教学法的教学设计

发生教学法的理论基础是历史发生原理。发生教学法就是根据学生学习的过程与数学发展的历程存在相似性，将数学思想逐步演化的历史过程与数学严格的逻辑推理过程有机地结合起来，运用数学史的观点和材料来重新组织教学的体系与内容，使学生真正理解课本上形式化推理体系背后的真正内涵。

发生教学法的应用最终落实在课堂教学中。运用发生教学法进行教学设计的关键在于教师，对教师的要求包括：①了解所讲授主题的历史；②确定历史发展过程中的关键环节；③重构这些环节，使其适合于课堂教学；④设计出一系列由易至难的问题，后面的问题建立在前面问题的基础之上（Tzanakis and Arcavi，2000）。

拉德福德（Radford，2000）等给出了基于历史的数学教学设计的理论框架（图 2-1），主张在认识论的立场下理清数学知识的心理过程和历史过程，从而在方法论意义上指导教学活动设计。在该框架中，学生数学理解的心理过程和数学思维的历史结构之间（图 2-1 中的水平箭头），常依据历史发生原理进行联结，即个体数学理解的发展遵循数学思想的历史发展顺序。

萨富阿诺夫（Safuanov，2005）认为，在运用发生教学法设计教学时，需要从历史、逻辑、心理学和社会文化这四个方面对所讲授的内容进行详细分析。另外，从认识论的视角进行分析也是重要的。在此基础上，他提出发生教学设计的实施过程包括以下四个阶段。①创设问题情境：在设计教学活动时，思维和认知过程的起源是构造问题情景的最佳方式。②自然引出新问题：思考和理解的第一步是产生问题，而且每解决一个问题就会产生一些新的问题，因此，解决了最初的问题后，需要不断思考新的、自然出现的问题。③教学素材的合理组织：构造

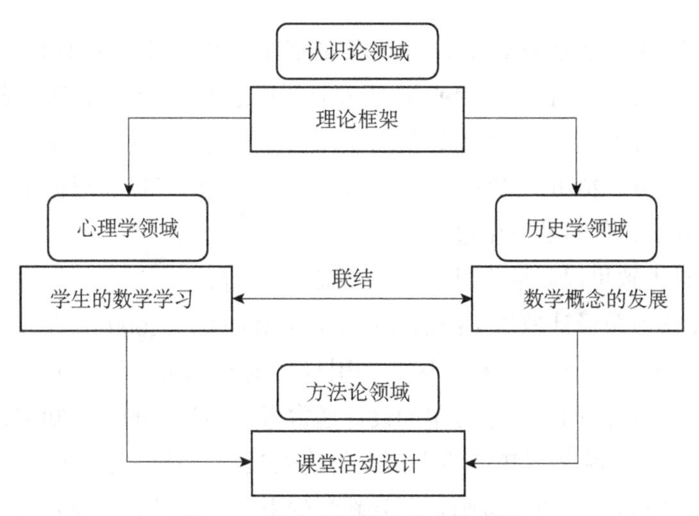

图 2-1　数学教学设计的理论框架

了问题情景和讨论了相关的问题后，已经激发了学生的学习动机，此时，就需要给出概念的精确定义。④理论的应用和发展：理论建立起来之后，就要考虑它的实际应用和本身的发展，并与其他概念和其他学科产生联系。

结合我国数学课程教学的实际情况，教师在利用发生教学法进行教学设计时应考虑一些相关因素：学生的数学学习情况、数学概念的历史发展、相应的数学教材及课程标准等。为此，吴骏和汪晓勤（2013a）提出了数学史融入数学教学的具体设计方法：

1）选定合适的教学内容：在数学教学中，不是任何一个教学内容都适合融入数学史，只有具备丰富历史文化信息的内容，才适合用发生教学法进行教学设计。

2）分析教学内容的历史发展：历史分析能够揭示隐含在教学材料中的数学知识的起源，发现产生数学知识需求的问题和在构建数学知识过程中存在的障碍。

3）考察相关主题的教材内容：了解课程标准中教学内容的教学目标、教材编写意图及呈现方式，并与历史发展过程进行比较，从而分析教材使用存在的局限性。

4）分析学生的认知需求：确定学生思维能力的水平，估计学生在数学活动中可能存在的困难，更重要的是寻求激发学生学习动机的方法。

5）重构历史顺序：在现代教学背景下，重构关键的思想和问题，使之更适合新知识的教学。这通常意味着教学顺序不遵循严格意义上的历史发展过程，但却更符合学生的认知发展规律。

利用发生教学法进行教学设计的关键在于重构历史，正如斯法尔德（A. Sfard）指出的，在同化、创造或学习一个新概念时，历史相似性表现尤为明显。此时，已有的知识系统需要经受一个彻底的重建，整个认识论基础也必须重新建构（Radford，2000）。因此，在运用发生教学法时，需要根据重构的历史进行教学，呈现知识的自然发生过程。

教学设计大致可以归纳为以下三种类型：

1）利用学习单设计教学（Fauvel and van Maanen，2000）。在介绍一个新的主题时，学习单可以设计成有结构的和引导性的问题集。学习单是一系列的问题，或是一些讨论的问题。学习单的设计通常考虑到学生的已有知识，并以问题的形式引导学生在原来不知道的主题上得到发展。这些学习单常常在课堂上使用，学生两人或多人一组，教师是课堂教学的引导者。洪万生及其团队利用学习单设计了很多教学案例，如对数（苏俊鸿，2003）、微积分概念（苏惠玉，2008）、数学期望值（苏慧珍，2003）、概率（许志昌，2006）等。汪晓勤和张小明（2007）也以学习单的形式设计了复数概念的 HPM 教学案例。

2）利用历史片段设计教学。如汪晓勤（2007a、2007b）关于 HPM 视角下消元法的教学设计、一元二次方程解法的教学设计；巴克（Bakker，2004）关于分布概念的教学设计。

3）借鉴历史顺序设计教学。如法尔马基和帕绍斯（Farmaki and Paschos，2007）借鉴 14 世纪法国数学家奥雷姆（N. Oresme，1323—1382 年）用图像表示运动的方法，设计了一类行程问题的教学；帕纳约托（Panagiotou，2010）借鉴对数的历史顺序进行对数概念的教学设计，并将其付诸实践；拉德福德和盖瑞特（Radford and Guérette，2000）基于古巴比伦的“原始几何”方法，设计了一元二次方程求根公式的教学；汪晓勤（2007c）通过考察概念的历史发展过程，设计了二元一次方程组概念的教学，汪晓勤等（2011）对椭圆概念的历史发展过程进行重构，利用旦德林双球设计了椭圆方程的推导。

目前，教学设计有以下发展趋势：

1）数学史运用方式从低级走向高级，即从附加式、复制式过渡到顺应式，甚至重构式。如王进敬（2011）教师的 HPM 教学可以分为两个阶段，第一个阶段的教学设计主要采用复制式，代表性案例为“相似三角形的应用”（共 3 节课）。第二阶段的教学设计，课型更丰富，方式更灵活多样，包括附加式、复制式、顺应式和重构式等，代表性案例为“用字母表示数”“同底数幂的乘法”“平方差公式”等。

2）用现代教育技术揭示教学设计中隐含的思想方法。如王玉芳（2011）梳理了微分中值定理的历史，然后基于历史设计课堂教学案例，揭示微分中值定理的思想，并在恰当的时候用信息技术的形象化可视化功能呈现这种思想，以提高教学的思想深度。徐章韬等利用超级画板再现了勾股定理和三角形内角和定理的思想方法，拉近了学生与古代数学家之间的心理距离（徐章韬，顾泠沅，2011；徐章韬，虞秀云，2012）。在动画的吸引下，学生学习数学的兴趣和求知的欲望大大增强，从而提高了学生在数学课堂上的学习效率。适切的课程理念、有序的融合层次、深入学科的信息技术平台，使信息技术与教育取向的数学史以适切的着眼点进入课堂教学（徐章韬和虞秀云，2012）。

2.3　数学史与学生学习的研究

数学史融入数学教学的有效性归根结底要经过课堂实践的检验。因此，HPM 的一项重要研究工作就是教学实验。根据学生学习的不同，这些实验研究可分为情感和认知两类，部分案例见表 2-4。

表 2-4　学生情感和认知教学实验部分案例

主题	作者
情感	Charalambous et al.，2009；Hsiao and Chang，2000；Hsieh，2000；Hsieh and Hsieh，2000；Marshall et al.，2000；Lawrence，2008；Liu，2007；McBride and Rollins，1977；Philippou and Christou，1998b；Pritchard，2010
认知	Arcavi et al.，1982；Arcavi et al，1987；Arcavi and Isoda，2007；Bakker，2004；Bakker and Gravemeijer，2006；Barabash and Guberman-Glebov，2004；Blanco and Giovart，2009；Bruckheimer and Arcavi，2000；Ceylan，2008；Furinghetti，1997；Furinghetti，2007；Goodwin，2007；Isoda，2007；Kidron，2003；Kjeldsen and Blomhøj，2009；Kourkoulos and Tzanakis，2008；Lawrence，2009；Lit et al.，2001；Nataraj and Thomas，2009；Peard，2008；Radford，2000；Reed，2007；Thomaidis and Tzanakis，2009；van Amerom，2002；van Amerom，2003；高月琴等，2006；朱哲，2010

第一类是关于情感方面的教学实验。早在 1977 年，麦克布赖德和罗林斯（McBride and Rollins，1977）在每节数学课上用 5 分钟介绍数学史，进行了为期 12 周的教学实验，结果发现，教学中使用数学史，有助于提高学生学习数学的积极性。贾丁（Jardine）在西点军校实施的教学实验中，要求学生通过微积分的历史来学习微积分，结果表明，对历史的学习激发了学生学习数学的动机，丰富了他们的数学学习体验（Marshall and Rich，2000）。哈拉兰博斯等（Charalambous et al.，2009）在职前教师的数学教育课程教学中采用基于历史的方法，结果显示，职前教师的数学态度和信念有了显著提高。普里查德（Pritchard，2010）在数学教学中要求学生收集古硬币，进而激发学生的学习积极性。

第二类是关于认知方面的教学实验。弗林盖蒂（Furinghetti，1997）通过案例研究调查数学史融入数学教育和教学实践的效果，研究表明，数学史能够通过引导学生反思促进他们对数学的理解，通过拓展学生的数学观念来增强他们的心智图像。巴克（Bakker，2004）从历史现象学出发，设计了一个假想的学习轨迹，对7年级学生进行了5轮教学实验，结果证实学生能学会利用统计概念进行推理。里德（Reed，2007）以学习单的形式，让学生学习函数概念的历史，结果表明，学生对函数概念的理解得到了明显提高。基德隆（Kidron，2003）对84名16—17岁的学生进行了多项式逼近教学实验，将历史材料与现代计算机技术做了很好的结合，参照历史的发展顺序，利用计算机软件演示各个阶段多项式逼近函数的过程，发现这有助于提高学生从概念的视觉解释到正式推理转化的能力。

国内学者更关心数学史融入数学教学与学生考试成绩的关系。李伯春（2004）调查了学生掌握数学史知识与学习成绩的关系。结果发现，学生数学史知识的掌握和数学学习成绩关系不大。学生数学成绩的高低是由诸多方面的因素决定的，由数学史学习而产生学习数学的兴趣，进而转变为学习数学的动力，仅是诸多促进数学学习的因素之一。作者认为，倘若学生通过学习数学史培养了自己学习数学的兴趣、乐趣、志趣，便会形成推动数学学习的强大动力，二者的相关程度一定会得到改观。朱哲（2010）采用实验班和控制班，以自编教科书的形式，对“勾股定理”内容进行数学史融入数学教学的实验，结果表明，数学史融入数学教学有效提高了学生的学习成绩。高月琴等（2006）采用类似的实验方法，发现运用数学史的班级学生的学习成绩普遍上升。

有些教学实验同时关注情感和认知两个方面，但侧重点不同。蔡幸儿和苏意雯（2009）以分数乘除法作为实验单元，采取实验班和控制班的方法，进行数学史融入数学教学的实验。研究资料经过统计分析后，发现学生在数学学习成就总体表现上，虽然没有达到显著的差异，但实验组的平均分数较控制组高。至于在数学学习态度方面，显示出数学史融入数学教学的实施能有效提升学生的学习态度，尤其对于学生在“数学探究动机”的面向上帮助最大。

李等（Lit et al.，2001）在1997年11月进行了一项为期3个星期的实验，主题是“勾股定理”，实验对象是同一学校初中二年级两个平行班的学生，实验组采用的材料富有数学史特色，控制组教学程序与实验组无异，只是去掉数学史成分。结果表明，实验组学生的热心程度轻微上升，而控制组学生则下降较多，二者差异显著。至于传统测验成绩，控制组学生的平均分有所提高，而实验组的平均分反而降低。

萧文强指出，学生上了加进数学史素材的数学课后，比以前更喜欢数学了，但是他们的考试成绩不一定有提高。有人争辩说，这种情况是因为测试的与所学所教的并不一致。尽管如此，我们不能否认，添加了数学史的数学课未必能让学生学得更好。就算教师在数学课运用了数学史后，学生的兴趣和成绩都有所提高，也不能肯定变化是因为教师运用了数学史，还是因为教师热心教学。令人欣慰的是，有迹象显示热心教学的教师与愿意运用数学史的教师明显相关。不过，这种说法还没有科学数据支持，只是与教师多次接触得到的印象。更基本的问题是，学生在某个课题的测验成绩有没有进步是否真的那么重要？当然成绩进步是重要的，但是否真的那么重要呢？量度数学史作为教学工具的有效性是十分困难的，测验中取得高分既不是说明数学史有效的必要条件，亦非充分条件。有些作用长期地影响一个人的成长，但评估一个人的成长是困难的，也无比需要（萧文强，2010）。

在数学课堂中运用数学史，不能奢望学生在一夜之间获得较高的考试分数，但它确实能使学习数学变得更加有趣，从而使学习变得更容易和更深入。明白了数学的演进过程，教师在教学中会更加耐心和厚道，减少专横和迂腐；教师更能反思，更热衷于学习，视教学为对知识和思想的承担（Siu，2000）。

需要指出的是，虽然数学史是非常重要的，但不能视之为解决数学教育中众多问题的“灵丹”，就如同数学是一门非常重要但不是唯一值得学习的科目。其实，正是数学与别的知识和文化领域之间的和谐结合，使它更值得我们学习（Siu and Tzanakis，2004）。

2.4　数学史与教师教育的研究

促进教师专业发展的途径很多，数学史是一个新的视角。目前，国内外学者就这个问题已经作了许多研究。

2.4.1　数学教师的数学史课程培训

在教师培训中融入数学史主要有以下四个作用：①使教师了解过去的数学

（数学史的直接教学）；②加强教师对其将要教授的数学内容的理解（方法论和认识论的作用）；③使教师掌握在教学中融入历史材料的方法和技巧（历史在课堂上的运用）；④加强教师对其职业发展和课程发展的理解（数学教学的历史）（Schubring，2000）。

舒布林（Schubring，2000）在关于教师运用数学史能力培训的研究中发现，大部分国家针对职前教师施以数学史课程，只有少数国家扩及在职教师训练课程。下面以法国职前教师和丹麦在职教师培训为例加以说明。

在法国，教师培训学院为职前教师开设了一门为撰写专业论文做准备的数学史课程，主要讨论一些历史模块，例如代数、方程、证明、算术、测量，以及向量、微积分等。学生在准备教育实习或毕业论文时都可以选用这些论题。虽然只有不到一半的学生选修数学史课程，但从整体上看，参与者都觉得它很有趣。一旦学生发现数学史课程与他们的需求直接相关，结果自然是令人满意的。学生在做毕业论文时对数学史有了更深入的理解，这正是教育实习和数学史学习强化的结果。教师培训学院的课程为学生提供了丰富的素材，如代数简介、证明的启蒙、不同算术方法的展现、几何学中的向量方法等。师范生希望该课程能够一直继续下去，因为这对他们的教学实习很有帮助。数学史课程与教学实习直接产生联系，从而变得更有价值了。

在丹麦，海耶德（Heiede，1992）认为，在面向小学和中学低年级教师的在职课程中，仅用七次（每次 3—4 小时）研讨活动就涵盖所有的数学史内容是绝对不可能的。因此，解决的方法是呈现 7 个重要内容。同时也指出，要求参与者结合讲义材料，查阅相关参考文献，用于改善其数学教学。这七次课程的内容如下：①埃及数学；②古巴比伦数学；③希腊数学；④印度数学和中国数学；⑤阿拉伯数学和欧洲中古时期数学；⑥欧洲文艺复兴时期（1452—1600 年）和巴洛克时代前期（1600—1750 年）的数学；⑦非欧几何。

根据早期许多国家职前和在职教师培训的实践和经验，舒布林（Schubring，2000）作出如下总结：①课堂上有效运用数学史的一个明显障碍是，数学教师缺乏数学史知识，自信心不足；②把所有数学史的背景都运用到数学史培训的环境中是不可行的；③由于数学思想演化过程与哲学和认识论概念发展之间存在紧密联系，因此需要与哲学家建立合作关系；④将数学史融入未来小学教师培训课程遇到了其他一些困难，因为受训教师一般要学习好几门学科，以致他们没有足够的时间学习数学史课程；⑤在此后的教师实践中，数学史培训的影响力只有一些零散的迹象；⑥为使数学史课程的培训更有效，我们需要更多从事数学史教学的专业人员，同时也需要开发更有用的教学材料。

2.4.2　数学教师的数学史素养

数学课程标准提出数学史进入中小学数学教材，这就要求数学教师必须具备一定的数学史素养。国内一些学者对数学史素养作出了界定，并提出了提高数学素养的具体措施。

胡炳生（1996）指出，数学史是中学数学教师的必备素养之一。数学史对于数学教师素养的影响表现在：①从整体观和历史观上提高对数学的认识；②从数学发展过程中了解数学思想、方法的来源；③认识今天的中学数学与历史上数学的关系；④以伟大数学家为榜样，加强自身学品和人品的修养。他还进一步指出，作为一个中学数学教师，提高数学史修养的途径主要有：①阅读数学史教本；②留心书刊上的数学史文章和材料；③联系课本上的问题，查阅有关数学史资料，或请教别人。

张筱玮（2000）认为，数学教师的数学史素养主要指数学教师可以从数学史中适当提取相关内容，用于数学研究、教学、学习之中。主要包括：①满足数学教学活动的数学史修养，即教师要了解中学数学知识的来龙去脉，掌握中学数学思想的基本内容及意义，从数学史中感受数学家的思维方式和人格风范，从数学发展中学习唯物辩证法等；②满足数学研究活动的数学史修养，主要指数学教师了解通俗数学史及数学思想史，研读数学思想史以增强教师从事数学教学和科研活动的文化底蕴。

李国强（2009，2010，2012）认为，数学教师的数学史素养包括：对数学史的认识、数学史知识、运用数学史教学的能力 3 个方面。他根据 SOLO 分类标准，把数学教师的数学史素养划分为第 0 水平—第 4 水平 5 个水平。在近一年的实验过程中，他发现两位个案教师及相关学生在实验过程中发生了较为明显的变化，主要表现在：①个案教师的数学史素养得到不同程度的提升。②教师数学史素养的提升可促进教师专业发展。③教师数学史素养的提升对学生的数学学习态度和数学学习成就都产生正面影响。根据个案教师在不同提升阶段的数学史素养状况，对实验前制定的提升策略进行多次调整与优化，在反思总结和浓缩提炼的基础上，得到如下 6 个策略：①信念重构策略；②平台构建策略；③专业引领策略；④行动支持策略；⑤内外驱动策略；⑥因势利导策略。

在数学教学中运用数学史的关键是教师的数学史素养，调查研究数学教师的数学史素养的现状、存在的问题及解决方法，无疑是很有必要的。徐君等

（2011）调查了中学少数民族数学教师的数学史素养状况，发现少数民族教师数学史素养存在诸多不足，主要表现在：①教师对数学史的认识不够深刻；②教师的数学史知识掌握欠缺；③教师根据教学目的开发数学史融入教学的能力不足。

李红婷（2005）对 120 名初中数学骨干教师数学史教学现状进行调查，发现：①教师缺乏对数学史教育意义的深入理解；②教师对数学史常识只有一些粗浅的了解；③教师自觉运用数学史的意识不强；④不知道如何运用数学史。她提出了提高数学教师数学史素养的措施：①协调具有培养能力的高师院校，利用假期举办数学史研修班；②数学史在职培训；③数学史访问学者；④数学史研究生教育。

李文林（2011a、2011b）认为，数学教师需要具有一定的数学史素养。他从理解数学的历史途径、科学创新的历史范例、数学文化的历史话题和科学精神的历史榜样 4 个方面总结了数学史的教育意义，并指出数学史与数学教育的结合将能够达到预定的目标，能够帮助教师提高自身的数学素养和理论水平，帮助学生在学习、研究和应用数学的过程中逐渐体会，不断提高对数学文化价值的认识和加深对数学自身的理解，从而全面提高数学乃至其他课程的教学质量。

2.4.3 数学史促进教师 MKT 的发展

在 HPM 领域，缺少大量有关教师知识的实证研究（Jankvist，2009b；Jankvist，2011）。目前，HPM 研究和一般数学教育理论以及研究方法还没有建立清晰的联结（Jankvist，2011）。随着 HPM 研究对数学教育的影响越来越大，需要寻找二者之间的平衡点（Jankvist and Kjeldsen，2011）。通过对数学史的研究，教师能够从中获益（Arcavi et al.，1982）。在 HPM 研究中，需要考虑已经有较好发展和广泛应用的教师教育理论，其中之一就是教师“用于教学的数学知识”（MKT）。

目前，关于数学史研究如何有助于教师 MKT 发展的研究还很少。克拉克（Clark，2012）为职前教师连续开设了 4 个学期的“数学史融入数学教学”的课程，他选用花拉子米的方法解决二次方程问题，以反思日志的形式，调查了 80 名职前教师对这个问题的理解。结果表明，职前教师理解了用完全平方的方法解决二次方程问题，花拉子米的方法确实让他们获得了对传统代数的几何理解。此外，职前教师把这个结果运用于自己的教学计划中时，他们有能力从历史的视角来提高自己和学生对解决二次方程的理解。

詹奎斯特等（Jankvist et al.，2012）的研究发现，MKT 有助于 HPM 的研究。他们在教师培训中，把数学史作为一种教学工具，以负数和数系这两个经典案例，发现教师在运用数学史的过程中，MKT 可以为 HPM 提供一种“语言”，以便在其他数学教育领域更容易交流。

弗林盖蒂（Furinghetti，2000b）在职前教师教育中，用具体案例说明了数学史是连接大学数学和中学数学的有效工具，它能够为学生提供流畅、开放、有创造性的数学，并进一步阐明了数学史功能和数学学习或理解之间的关系，使职前教师能够意识到建构几个世纪的数学思想具有重要的意义，这其实已经潜在地聚焦和加强了数学教师的 MKT。

徐章韬（2009）以三角知识为载体，采用问卷调查、深度访谈等多种研究工具，从学科知识、教材的知识、学与教的知识 3 个方面研究了 6 名数学专业师范生的 MKT。研究者将被试的知识理解水平划分为内容水平、概念水平、问题解决水平、方法探究水平 4 个层次。结果表明，被试的 MKT 存在不足，其中一个重要原因是有关数学发生发展的知识缺失。基于此，作者认为，从内蕴于学科知识背后的认识视角、思想与方法等全面解析学科知识，由此产生教育上的见解，并用之于教育，是发展面向教学的数学知识的一种值得尝试的路径（徐章韬，2011）。

数学史促进教师 MKT 发展的同时，教师在教学中需要关注学生的学习。阿卡维和伊索达（Arcavi and Isoda，2007）在课堂上运用数学史时，提出了“听学生说”的方法，它包含 4 个主要成分：①给学生创造自由表达他们数学思想的机会；②询问学生，以揭示他们数学思想的本质；③分析听到的内容，并从其他人的视角和观点去思考问题；④采取恰当的教学方式，融入学生的思想。阿卡维和伊索达认为，教师需要摒弃自我中心观念，以便充分理解隐藏在数学史背后的思想方法。他们在教师工作坊中，对 15 名职前数学教师进行了问卷调查，结果表明，职前教师开始把对历史文本的诠释和对学生数学思维的理解联系起来，拓展了他们的 MKT。康弗里（L. Confrey）认为，“听学生说”激发了教师对教学的反思，是教师专业发展的一个必要条件（转引自 Arcavi and Isoda，2007）。

2.4.4　数学史对教师情感因素的影响

数学教育工作者普遍认为，教师的数学信念和态度对教学有重要的影响。因此，在职前教师教育中，除了丰富教师的 MKT 外，还应该为职前教师创造机会，发展他们对数学教学积极的信念和态度（Hsieh and Hsieh，2000；Hsieh，2000；Philippou and Christou，1998a，1998b）。

菲利普托和克里斯托（Philippou and Christou，1998 b）进行了职前教师数学态度变化的一项实验。他们在职前教师的 2 门课程中采用基于历史的教学法，进行了长达 3 年的教学实验，最后通过问卷和访谈的形式对实施的情况进行调查，结果表明，被试者的数学态度有显著提高，在数学的满意程度和有用性上尤为明显。

哈拉兰博斯等（Charalambous et al.，2009）探索了基于数学史的教师教育课程在增强职前教师数学信念和态度方面的有效性。这项研究跟踪了 94 名职前教师，时间长达 2 年，其间进行了 4 次问卷调查。数据分析显示，职前教师的信念和态度在一些维度上发生了变化，而在另外一些维度上则朝相反的方向发生变化。作者使用访谈数据来帮助解释定量研究结果，发现一些教师原有的数学经历并没有帮助他们学会如何思考，仅是强化了考试技能而已。虽然结果呈现多样化，但作者认为这种基于数学史的教师教育项目有助于集中发展有用的和能用的知识，这些知识能够提高职前教师的数学信念和态度。

弗林盖蒂（Furinghetti，2007）在一个教师教育项目中，让职前教师在“数学教育活动室”中设计教学策略，对自己的教学进行反思，并形成这样一种数学信念：激励产生一种有意识的教学风格。作者认为，职前教师需要在一个适当的背景下用不同的方式进行教学，而这个背景就是为他们提供数学的历史，故作者探讨了数学史是如何影响教师对代数教学的建构。这项研究长达 2 年，参与者是 15 个职前教师，他们大多没有教学经历。研究发现，数学史对教师代数教学的影响主要有两种模式：一种称为“演化的”，即教师关注代数概念长期以来的发展状况，使得教师有机会了解代数概念形成中的主导观点；另一种称为“情境的”，即教师在历史背景下认识代数概念，了解数学家在这一概念发展过程中真实的工作状况。

2.4.5 教师专业发展诠释学模型

1994 年，德国学者扬克最早提出诠释学循环模式（Jahnke，1994；Jahnke et al.，2000）（图 2-2）。在扬克的诠释学循环模式中，初圈指古代数学家（M）、数学对象（O）和数学理论（T）之间的循环；次圈则指在数学史家（H）、数学史研究成果（历史诠释）（I）和初圈之间的循环。

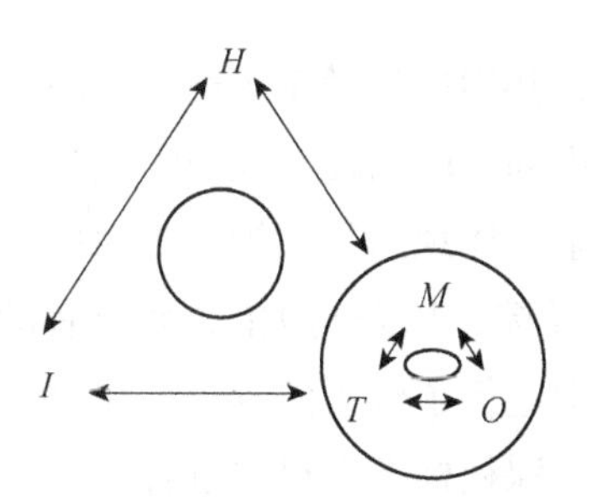

图 2-2　扬克的诠释学循环模式

洪万生（2005）引进扬克的诠释学循环概念，并建立了自己的诠释学循环学模型，用以说明两位老师基于 HPM 的教师专业发展之不同历程。其中一位老师，虽然资历较浅，但全面的 HPM 素养是她的发展基础，因此，随着教学年资的增加，她逐渐利用 HPM 的统整特性提升自己的学科教学知识（PCK），最终将 HPM 和 PCK 结合起来。另一位老师，资历较深与 PCK 似乎是他发展利基之一体两面。一开始，他对于 HPM 的功能尚未有深入的认识，而流于浮面之引入。然而，他在系统学习了数学史与 HPM 方面的知识之后，发现 HPM 有助于他的 PCK 发展，于是逐渐掌握到利用 HPM 结合 PCK 的窍门，因而能够从容撷取数学史，并将其融入数学活动。

苏意雯（2004，2005，2007）用诠释学模型探讨了教师的专业化发展。她在博士论文中选择了 4 位研究对象，观察参与教师在 HPM 教学中如何调融数学史与数学知识，经由自我诠释进行教学的转变历程。参与者经历了直观期、面向扩张期和适应期 3 个阶段。其中发展出的策略有：①广泛阅读数学史及数学教学相关书籍；②利用认知三面向的学习工作单的设计，引动教师融入数学史于数学教学；③借由教学后实作心得促成反思；④多方面参与和数学教育及 HPM 有关的座谈与研讨；⑤定期专家咨询；⑥以学校为中心的实践社群方式带动共同成长（苏意雯，2005）。

她把教师在数学课堂上对于 HPM 教学的概念化的实作表现刻画为分离、外加、引介、执行、和谐整合和决策等几种状态，并提出“优选”状态作为教师专业发展未来所努力的理想境界之一。最后，作者阐明了上述所发展的策略可以促成参与教师发生如下转变：①HPM 教学者身份的转变；②科普写作的参与；③反思、批判性能力增强；④引动数学知识的统整；⑤导向以学生为主体的教学（苏意雯，2005）。

汪晓勤（2013）对上海某初级中学的一名数学教师进行了为期两年的数学史

融入数学教学的行动研究，并用诠释学循环模型刻画了该教师的专业发展过程。在第一阶段，由于对数学史的浓厚兴趣以及与学生分享这种兴趣的强烈愿望使该教师过于偏重数学史的教学，体现的是“为历史而历史”的教学思想。进入第二阶段，基于学生与教师的反馈，以及与 HPM 研究者的深入交流讨论，J 教师反思第一阶段的得失，对教学进行了较大的改进。在这个阶段，教学不再为历史而历史，而是将历史和教材、课程标准有机地融合在了一起。通过对该教师的跟踪研究发现，该教师的专业发展主要体现在：HPM 介入数学教学后，她逐渐形成了自己的教学风格，提升了对教材的批判能力，增强了教材拓展意识，更深刻的理解了学生的认知规律，提高了教学研究能力。

上述案例中，各研究者针对不同的研究对象，采用了诠释学循环模型解释了教师的专业发展历程。可见，这是一个用于刻画教师专业发展的可行模型。

综上所述，本章的研究主要揭示了以下几点：

1）在 HPM 领域，国内外学者就“为何在数学教学中融入数学史”和“如何在数学教学中融入数学史”进行了深入的讨论，前者已较为成熟，得到了广泛认可，后者尚无定论，正处于不断发展之中（吴骏和汪晓勤，2013b）。

在我国，关于“为何”的讨论很多，而关于“如何”的讨论却很少。当前，随着我国基础教育课程改革的实施，数学史内容已成为数学课程的重要组成部分。寻找数学史融入数学教学的切入点，使之能够提高教学效率正是人们最为关心的问题。Kjeldsen（2012）在 HPM2012 大会报告中指出，数学史融入数学教学有两个核心问题：如何融入数学史更有利于学生学习；如何使用数学史素材帮助学生学习数学，发展学生的历史意识。这是 HPM 研究需要进一步关注的问题，也正是“为教育而历史”的数学史价值观的体现。

2）数学史融入数学教学的实验，能取得正面结果的，大多在情感方面，而不一定能够帮助学生提高成绩。数学史融入数学教学是一个长期回应的过程，很难在短期产生明显的效果。

3）数学史融入数学教学，不仅对学生的情感和认知产生了影响，还促进了教师的专业发展。洪万生等根据诠释学循环原理，开发了基于 HPM 的诠释学循环模型，能够很好地刻画教师专业发展的过程。在数学教学中运用数学史的关键在于教师，而对教师用于教学的数学知识（MKT）的研究是目前关注的热点问题，因此如何根据 HPM 去发展教师的 MKT 将是 HPM 领域有待开发的研究领域。

第 3 章

统计概念理解的研究概述

在中小学统计教学中，关于平均数、中位数和众数概念的研究是最普遍的话题之一（Shaughnessy，1992，2007；Jacobbe，2011）。以下围绕这三个概念，从程序性理解、概念性理解和学生认知发展 3 个方面考察国内外的相关研究。

3.1 程序性理解

程序性知识包括两个部分：一部分是由数学的形式化语言或表征系统构成，另一部分包括完成数学任务的算法或法则。以平均数为例，使用传统的符号 $\overline{X}$ 代表一组数据的平均数可以认为是第一种类型的程序性知识；而“把所有的数据加起来再除以数据的个数”的运算法则是第二种类型的程序性知识（Groth and Bergner，2006）。

早期统计概念的研究主要集中在单个概念而不是相互之间的联系，以及程序化的理解。实际上，为了求出平均数，学生在实施程序性过程中也存在一定的困难。波拉切克等（Pollatsek et al.，1981）在为心理学专业的大学生上统计课程之前，进行了一次诊断性测试，要求解决与加权平均数有关的问题。他们访谈了 37 名学生，结果表明，相当多的大学生不能正确计算加权平均数。当所给问题中已经给定了两个样本大小不同的平均数，而需要计算总体平均数时，大多数学生采取了简单而非加权的方法计算这两个平均数的算术平均数。对他们而言，算术平均数是最简单、最明显的处理问题的方法，也是他们唯一可采用的方法。卡林厄姆（Callingham，1997）在另外一项研究中，发现对于职前和在职教师也存在相同的问题。他们把算术平均数看成是一个计算工具，缺乏对平均数算法的概念性理解。该研究的教学启示是：学习一个概念的计算公式并不代表理解了这个概念。

梅瓦雷奇（Mevarech，1983）对教育学专业的大学新生进行测试，调查学生解决描述性统计问题必需的程序化技能以及潜在的错误概念。结果发现，学生不能辨别算术平均数的错误计算。

蔡（Cai，1998）考察了250名6年级学生对算术平均数运算法则的理解情况。研究发现，虽然大多数学生知道“把所有的数据加起来除以个数”的运算法则，但仅有一半的学生能够正确运用该法则去解决具有一定背景的平均数问题。该研究不仅通过运算法则说明了算术平均数概念的复杂性，而且还指出，算术平均数的教学，既要作为一种统计思想用于描述和分析数据，又要作为一种计算法则用于解决问题。蔡（Cai，2000）还分析了中美6年级学生对算术平均数运算法则的理解和表征，发现很多学生不能正确运用平均数的逆运算法则。

在统计中，算术平均数的意义是什么？其实，很多学习过大学统计课程的学生也不能理解算术平均数的思想。马修斯和克拉克（Mathews and Clark，2003）对8名大学新生在完成了初等统计课程的学习并取得等级分数“A”之后进行了一个诊断性访谈，其目的是尽可能准确地探测学生的算术平均数概念。结果表明，这些大学生缺乏对算术平均数的理解，仅能叙述如何利用运算法则计算平均数。

已有文献还表明，学生在确定一组数据的中位数时也存在困难。弗里尔等（Friel et al.，2001）研究表明，当一组数据用图形呈现时，小学教师在确定中位数时也有一定的困难。扎伍杰斯基和绍格尼斯（Zawojewski and Shaughnessy，2000b）在一个测试项目中给定一组无序数据，仅有1/3的12年级学生能够确定中位数。由此可见，相对于平均数而言，学生对中位数的理解更困难。

国外早期的调查表明，学生在计算平均数时存在一定的困难，而我国的调查研究表明，学生在计算平均数、中位数和众数时，几乎不存在困难（巴桑卓玛，2006；李慧华，2008；吴颖康和李凌，2011；曲元海等，2006）。

学生对众数的程序性理解，不像平均数和中位数那样受到较多关注。这可能由于众数的计算程序较为简单，没有平均数和中位数复杂，也有可能是由于众数在中小学统计课程中没有突出的位置。

掌握统计概念的计算法则并不意味着真正理解了这些概念，相反，还有可能影响对其他相关概念的理解（Pollatsek et al.，1981）。因此，有必要加强对概念性理解的研究。

3.2　概念性理解

概念性知识等同于有联系的网络。换句话说，概念性知识是那种关系丰富的知识。一个单元的概念性知识不是作为孤立的一个信息储存起来的，只有当它是一个网络的一个部分时，才是概念性知识（格劳斯，1999）。以算术平均数为例，其概念性理解包括运算法则和统计意义两个方面。关于运算法则的理解，指学生能正确运用该法则去解决问题。关于统计意义的理解，指学生能使用该概念来概括和理解一组数据，或对不同的数据进行比较。这就意味着，学生不仅知道运算法则，还知道如何正确运用该法则来解决问题（Cai，1998）。

3.2.1　概念基本含义的理解

概念的理解有很多不同的形式，以下主要从计算公式的逆运用、概念的基本性质、概念表征等几个方面进行探讨。

平均数在数学上的计算较为简单，在日常生活生产和经济活动中的使用是极为频繁的，在统计学上的含义是极为深刻的（茆诗松，2008）。在概念性理解中，算术平均数的计算不仅可以采取直接的方式，还应该根据具体问题采用逆运算。蔡和莫耶（Cai and Moyer，1995）考察了 250 名 6 年级学生对算术平均数运算法则的计算和概念性理解，研究发现大多数学生能正确运用运算法则计算平均数，然而，其中仅有一半的学生能运用平均数概念解决开放型问题，他们采用的策略是直接使用运算法则，而不会使用运算法则的逆运算。蔡（2000）在对另外一项国际比较的研究中，也得到了类似的结论。他比较了中美两国 6 年级学生对平均数算法的理解，结果表明，两国学生在简单计算问题上正确率都很高，而且中国学生的总体表现好于美国学生，但对于某些复杂问题，却遇到相似的认知困难。这说明两国学生并非缺乏算法的程序性知识，而是缺乏对算法的概念性理解。

由此可见，算术平均数的理解远比计算法则更复杂，因此，在教学中仅掌握运算法则是不够的，还应该采取有效措施让学生获得对概念基本性质的理解。

施特劳斯和比希勒（Strauss and Bichler，1988）指出，平均数有 7 个性质：①平均数介于最小值和最大值之间；②平均数与数据之差的和为零；③平均数易受到不等于平均数的数据的影响；④平均数不一定是数据中的一个值；⑤平均数可能是一个在现实意义中不存在的非整数；⑥计算平均数时，要把数值为零的数据考虑在内；⑦平均数是被平均的那些数据的代表。曾小平和韩龙淑（2012）讨论了平均数的含义和教学方法，也概括了与上述平均数类似的特征。了解平均数的这些性质，有助于加强学生对平均数概念的理解。

麦卡洛（MacCullough，2007）考察了专家是如何理解算术平均数的，他选择的 5 位专家包括 1 位数学教师、1 位研究生、1 位统计学教师、1 位统计学家和 1 位机械工程师。通过基于任务的访谈，结果表明，这些专家把算术平均数理解为一种算法和数学平衡点，但没有获得概念之间联系的描述。进一步的电话访谈发现，这种联系是通过使用平均数的水平线（leveling-off）来表示的。

马尼奇（Marnich，2008）采用教学实验的方法检查了学生理解算术平均数的公平分享和中心平衡之间的关系。29 名艺术类的本科生被分成 3 组：公平分享组、中心平衡组和控制组。研究分为 3 个阶段：前测、教学干预和后测。研究结果表明，接受中心平衡组教学的学生加深了对公平分享知识的理解，类似地，接受公平分享教学的学生加深了对中心平衡知识的理解。此外，无论是接受公平分享教学还是接受中心平衡教学的学生都加深了对算术平均数相关数学知识的理解。

在这三个概念中，对平均数理解的研究最多，而且往往和中位数的理解联系在一起。如平均数可能不代表中等水平、平均数与大多数的区别、平均数与平均分不是一回事、平均数定义及其几何意义、算术平均数与加权平均数之间的关系、加权平均数中权数的选择等（梁绍君，2006a；段学有，2011；章树金，1989；范春来，1999；张敏，2006；游玲杰，1999）。对众数概念理解的研究相对较少（范赞成，2005，2006；朱钰，2005）。还有一些是正确辨别平均数、中位数和众数的区别和联系的研究（董毅，2006；冯胜群，2001；江海峰，2007；徐景范，1999；朱龙杰，1997；白雪梅和赵松山，1997）。

平均数、中位数和众数不仅仅是用来计算的数学对象，而且还反映了数据集中趋势的代表性。当需要用一种简洁的方式描述一组数据时，概念表征的问题就出现了。

盖尔等（Gal et al.，1989，1990）的研究发现，学生很少自发地使用算术平均数来比较两组数据，特别是对于两组样本大小不同的数据，使用算术平均数的比例更低。在没有清晰要求使用算术平均数的背景中，学生可能不知道如何以及何时使用算术平均数（Gal，1995）。

莫克罗斯和鲁塞尔（Mokros and Russell，1995）在 4 年级、6 年级和 8 年级

中各选取 7 名学生，要求学生解答与平均数概念有关的 7 个开放式问题，以检验他们对平均数概念的表征。结果发现，学生刻画平均数的 5 个主要特征是：平均数是一种模式、一种算法、合理的数值、中点和平衡点。其中前两个特征不具备代表性，而后 3 个特征体现了平均数代表性的思想。把平均数看成是一种模式的学生常常把所给数据作为一些离散的点，而不是作为一个整体看待。把平均数看成一种算法的学生不能认识到平均数的实际意义，不能与实际背景相联系。把平均数看成合理的数据的学生倾向于从自己的生活中提炼信息。把平均数看成中点的学生虽然还没有意识到中位数，但对中间值已经有了强烈的感觉。把平均数看成平衡点的学生已经有了平均数的概念，并将其解释为“一个较高的值被一个较低的值平衡”。研究发现，学生虽然掌握了平均数的计算法则，但没有意识到平均数是一组数据集中趋势的代表。

雅各布（Jacobbe，2012）考察了 3 位小学教师对平均数代表性的理解。他用直方图呈现了 3 个不同的分布，其中一个是左偏态，一个是右偏态，另一个是正态。要求参与者根据图中信息指出可以计算出哪一个集中趋势的统计量，并根据算术平均数、中位数和众数的值，由小到大排列分布的顺序。研究发现，尽管有教师在不同背景下运用计算法则有困难，但他们能根据分布的形状确定在某些时候一个数据集比另一个数据集有更大的平均数、中位数和众数。

由于算术平均数、中位数、众数的定义不同，且具有不同的特点和不同的适用范围，因此在衡量这些平均指标的代表性时，要根据不同的情况加以具体分析。只有全面掌握这些平均指标的长短处和局限性，并且要根据其不同特点，根据不同的情况选择恰当的平均指标，才能够提高这些平均指标的代表性，以便更客观、准确地反映和描述事物现象的本质特征（郑少智和邹亚宝，2003；邹亚宝，2004）。

平均数是非常有用的统计量，但若运用不当，也会产生误导（达莱尔·哈夫，2009；姜秀珍，2003）。李来儿（1995）指出，在日常生活中，滥用统计平均数的现象屡屡发生，导致人们对平均数的理解出现误区：①认为凡是出现“平均××”字样的指标都是平均数指标；②认为平均指标高情况就好，平均指标低情况就差；③认为数学平均数就是统计平均数。其实，数学平均数可同时采用多种方法计算，得到多个平均数，而统计平均数则需要考虑到平均数的背景，必须保证计算过程和计算结果都有实际的经济意义。究其原因，不是平均数有问题，而是人们在运用平均数时出了问题；不是平均数容易“惹祸”，而是人们对平均数缺乏透彻的了解而导致了认识上的偏差（李鸥，2008）。

3.2.2 中心测量作为“嘈杂过程的信号”

康诺德和波拉切克（Konold and Pollatsek，2002）把平均数看作典型值、公平分享、数据减缩器，以及来自“嘈杂过程”中的“信号”（signals in noisy processes）。他们认为，数据作为“信号”和“噪声”的思想也许是最重要的统计观念，但目前的教学没有帮助学生发展这种思想，尽管很多学生知道如何计算集中趋势的统计量，但却不会加以解释和运用。下面是一个关于数据分析的例子，涉及在一个嘈杂过程中探测信号的问题。

在科学课堂上，9名学生用相同刻度的仪器，分别独立称重了同一个物体，其重量分别是（单位：克）：6.2、6.0、6.0、15.3、6.1、6.3、6.2、6.15、6.2。问：这个物体实际重量最好的估计值是多少？

在这个重复测量的问题中，物体重量比较接近的8个数据的算术平均数可以认为是估计物体真实重量的一个信号，物体的测量看作一个嘈杂的过程，其中包含了各种可能来源的变异。噪声可能是测量误差的结果，包括系统误差或偶然误差。康诺德和波拉切克（Konold and Pollatsek，2002）承认在解决重复测量问题时，学生的认知过程可能比较复杂。因为在统计学科早期的发展过程中，算术平均数作为一种可信赖的信号指示器并未被当时的科学家普遍接受（Stigler，1986）。因此，在这种背景下研究学生的统计思维对统计教学是有帮助的。

格罗思（Groth，2005）调查了不同背景下学生关于平均数的统计思维模式。他对15名高中学生进行诊断性访谈，使用的问题集处于两个不同的背景：在一个收入问题中确定典型值和在噪声背景中探查平均数的信号。结果显示，一些学生试图形成正式的方法，而另外一些学生则使用不正式的估计策略。学生在对这两个问题的回答中，所采取的策略既有关注数据的也有关注背景的。这些回答反映了学校的统计课程并没有提供给学生深刻理解数据分析的过程，因此，教师需要有意识地构建学生关于数据和背景的统计直觉，并形成正式的测量方法，但这并不意味着这些方法可以代替直觉的培养。

3.2.3 从历史视角理解平均数的思想

数学的历史发展为理解统计概念提供了资源。巴克和格拉韦梅耶（Bakker and Gravemeijer，2006）考察了集中趋势统计量的描述和使用，这些统计量起始于古印度和希腊，散落于数学、冶金、天文学等领域。以下来自历史现象学的思想对理解平均数、中位数和众数是有帮助的：①估计大数是古代统计方法，可以作为学生学习平均数的认知起点；②学生可能会使用中点值作为求平均数的原始方法；③利用线条图形表征数据能帮助学生使用补偿策略来估计平均数；④平均数在某些情景下可能没有实际意义；⑤在偏态分布下，中位数成为平均数的替代品。这种历史的分析能帮助学生解析和区分平均数的不同方面和理解水平，可以从学生的观点进行教学设计（Bakker，2003，2004；Bakker and Gravemeijer，2006）。

3.2.4　集中趋势统计量的选择使用

当把平均数、中位数和众数放在一起时，就存在如何选择使用的问题。美国全国教育进步评估（National Assessment of Educational Progress，NAEP）发现，学生在选择集中趋势统计量描述数据时经常存在困难。在要求从平均数和中位数中选择一个来描述数据时，绝大多数学生选择了平均数，很明显没有考虑到数据分布的形状。他们认为，平均数用到了所有的数据，因而比中位数更准确。从学生的回答中可以看出，他们并没有理解每个统计量各自的优点。在 1996 年 NAEP 的一次测试中，仅有 4%的 12 年级学生能够正确选择中位数来概括数据，并合理地作出为什么用中位数作为集中趋势代表的解释（Zawojewski and Shaughnessy，2000a，2000b）。

卡林厄姆（Callingham，1997）用图形的形式呈现数据信息，当中位数是集中趋势统计量较好的代表时，大多数职前和在职教师还是选择平均数代替更合适的中位数。拜格和爱德华的调查表明，教师对算术平均数的理解优于中位数和众数（Begg and Edwards，1999）。

3.2.5　问题解决

对平均数理解的另外一个重要方面体现在问题解决之中。格勒等（Gfeller et al.，1999）考察了职前教师解决平均数问题的策略。16 位数学职前教师和 6 位科学职前教师需要解决 10 个与算术平均数有关的问题，这些问题用图形或数字的形式呈现。在解决问题的过程中，参与者采用了两种不同类型的方法：运算法则和平衡点。研究结果表明，运算法则是解决平均数问题最普遍的方法。数据分析表明，数学职前教师和科学职前教师使用平衡点解决问题存在显著差异，而使用运算法则解决问题不存在显著差异。

利维和奥洛福林（Leavy and O’Loughlin，2006）调查了 263 名小学职前教师对平均数的理解。更具体地说，研究的焦点集中于算术平均数的作用和功能。参与者需要解决 5 个与算术平均数有关的问题，并对采取的解题策略作出解释。数据分析之后，选择 25 名参与者进行了诊断性访谈。结果表明，57%的参与者能正确利用算术平均数比较两组数据，21%的参与者能正确计算加权平均数问题，88%的参与者能构造一组数据反映给定的算术平均数。在描述算术平均数或从图形中识别算术平均数时，有 25%的参与者混淆了算术平均数和众数。从职前教师采取的解题策略来看，只有 1/4 的参与者具有算术平均数的概念性理解形式，其余的则局限于运算法则形式的理解。

3.3　学生认知发展

3.3.1　认知发展水平

近年来，一些学者对平均数的认知发展水平进行了调查研究。梁绍君（2006a）把“算术平均数”的理解划分为 4 个水平：本义性理解水平，指平均数能代表一组数据的“普通水平”或“一般水平”；特异性理解水平，指平均数易受极端值影响，在一些特异情况下可能不代表“普通水平”和“中等水平”；加权性理解水平，指一般平均数概念经拓展后得到加权平均数的概念；随机变量分布理解水平，指平均数作为随机变量的数学期望。他结合一次测试，对这一概念的理解水平进行分析，发现学生理解算术平均数概念并不容易。

吴骏（2011）利用皮里（Pirie）和基伦（Kieren）提出的数学理解发展模型，分析了 3 名小学 4 年级学生对平均数概念理解的发展过程。结果表明：学生对平均数概念的理解经历了初步了解、产生表象、形成表象、关注性质和形式化 5 个水平。但这种理解不是一次性完成的，而是来回往返、逐步递进的。一个学生即使已经处在形式化的水平，在面对一个以前从来没有遇到过的问题时，也并不意味着他能形式化地理解该问题。无论哪种理解水平的学生，当他发现自己的思想和行动与所面临的问题不一致时，他就要折返回内层水平来扩展自己目前的活动能力和活动空间。

还有学者把算术平均数、中位数和众数作为一个整体进行调查。穆尼（Mooney，2002）把中学生的统计思维（M3ST）划分为 4 个过程：数据的描述、组织和简化、表征、分析和解释。而且对每个过程的认知水平进行了刻画。

其中在组织和简化过程中，需要使用集中趋势的统计量来描述数据，相应的 4 个认知水平为：第一水平，学生不能描述数据的代表性或典型性；第二水平，能够利用部分有效的度量去描述数据；第三水平，能够使用正确和有效的统计量去描述数据，但其过程有缺陷；第四水平，使用正确和有效的统计量去描述数据。此外，对小学生思维水平的描述也有类似的结果（Jones et al.，2000）。格罗思（Groth，2002）运用 M3ST 框架描述了学生关于集中趋势统计量的思维水平，采用半结构访谈的方式评估 4 名已在学习高级统计课程的学生，结果识别出一个第五水平的思维水平，称为“拓展分析水平”。有一个学生不仅仅使用一个有效的、正确的集中趋势统计量来描述数据，而是使用几个不同的集中趋势统计量来描述数据。该研究进一步拓展了 M3ST 框架，为描述学生对集中趋势统计量的理解提供了依据。

格罗思和伯格（Groth and Bergner，2006）调查了 46 名中学职前教师对平均数、中位数和众数的理解。他们把职前教师对这些统计量给出的定义进行了不同的分类，根据 SOLO 分类法，分析了职前教师的回答，提出了教师教学和未来研究的建议。

吴颖康和李凌（2011）构建了“关于集中量数理解的三个水平”的思想框架。第一水平要求学生能正确计算集中量数；第二水平要求学生能在现实背景下选用恰当的集中量数；第三水平要求学生能结合现实背景解释所用集中量。他们运用此框架，调查了两所高中学生对集中量数的理解。结果发现：大部分学生能正确计算集中量数，能结合实际问题背景使用恰当的集中量数，但在对所使用的集中量数进行解释时有较大困难，这些学生对众数和平均数的掌握要好于中位数。

曲元海等（2006）把统计量的理解分为不了解统计量、初步了解统计量的名称及常规计算、能综合考虑统计量、能在多种具体情境中合理地选择常用统计量等 4 种水平。通过对初三学生的测试和访谈发现，学生对统计量的计算正确率相对较高，对平均数、中位数和众数等统计量综合运用有困难，用统计思想方法去解决实际问题是学生普遍薄弱环节，对平均数、中位数和众数意义的区别和联系也不是很清楚。总体来看，中学生对统计量的理解处于较低水平。

3.3.2　纵向发展

纵向发展研究是针对不同年级进行的，有些是跟踪多年进行的调查研究，有些同时调查几个年级学生的情况。施特劳斯和比希勒（Strauss and Bichler，1988）选取8岁、10岁、12岁和14岁的学生各20名，考察他们对以下平均数性质的理解：①平均数介于最小值和最大值之间；②平均数与数据之差的和为零；③平均数易受到不等于平均数的数据的影响；④平均数不一定是数据中的一个值；⑤平均数可能是一个在现实意义中不存在的非整数；⑥计算平均数时，要把数值为零的数据考虑在内；⑦平均数是被平均的那些数据的代表。结果发现，学生对性质②、⑥和⑦的理解比较困难，而且不同年龄学生之间的理解有显著差异。这反映出学生学习的难易程度是不一样的，他们都各自存在一个学习困难期。

沃森和莫里茨（Watson and Moritz，1999）调查了3—11年级学生对平均数概念理解的发展变化。根据SOLO分类法，把学生的回答分为前结构、单一结构、多元结构和关联结构4个水平。研究表明：算术平均数、中位数和众数是结构复杂的概念，这些概念可以通过不同年级的数学活动而得到发展。在不同年级和不同情景下给学生介绍这些概念，使得他们能根据数据的本质和背景区分概念的异同。

后来，沃森和莫里茨（Watson and Moritz，2000）对上述研究进行了深化。他们采用4个测试题，访谈了94名3—9年级的学生，3年后访谈了其中的22名学生，4年后又访谈了其余的21名学生，以此考查学生对平均数概念理解的纵向发展。他们构建了新的SOLO分类法，把学生的回答分为6个水平：①前结构水平，学生不能使用平均数的不正式的术语；②单一结构水平，学生能使用一种平均数的不正式术语，如正常的等；③多元结构水平，在简单情景中，学生能使用两三个通俗的想法，如“大多数、中间的”，或者“加和除”的算法等来描述平均数；④表征水平，学生能够意识到平均数的代表性本质，如预测、估计，或代表整个数集；⑤应用水平1，学生能把平均数运用到一个复杂任务中；⑥应用水平2，学生能把平均数运用到两个复杂任务中。纵向的数据表明，三四年后学生形成了对平均数表征性的正确评价。同时也表明，学生随着年龄的增长，其理解水平不是停留在相同的水平或有所下降，而是逐渐发展到更高的水平。沃森（Watson，2007）以此认知水平为框架，探索了认知冲突对学生理解平均数概念的作用。沃森从早期研究中选择具有认知冲突的思想对3年级、6年级和9年级的58名学生进行访谈，要求他们从中选择一个解决问题的最好方法。结果表明，经历认知冲突之后，学生回答问题的水平得到了显著提升。

克鲁茨和安东尼奥（Cruz and Antonio，2008）调查了227名高中生和大学生对算术平均数的理解。调查问卷是一个开放型问题和一个多重选择题，根据学生的回答，采用 SOLO 分类框架把学生的认知发展分成 5 个水平。结果表明，学生对平均数的理解存在不同的困难。他们不熟悉极端值的概念，在计算平均数的过程中，遇到不规则数据时，不知道如何处理。同时也发现，高中生和大学生的回答没有显著差异。

李慧华（2008）调查了 870 名高一至高三的学生对平均数的认知情况。结果表明：几乎所有学生对计算平均数和加权平均数均没有困难；当学生在概括一组数据的平均水平时，常常首选的是平均数，但对平均数的适用范围不太清楚，也不能正确选用平均数、中位数和众数；学生对平均数的性质理解并不好，特别是经常忽略“平均数易受极端值的影响”这一性质。这个研究仅调查了 3 个年级学生对平均数理解的现状，但没有分析认知发展之间的差异。

综上，国内外学者采用实证研究的方法，考查学生对统计概念的认知发展。可以看出，学生并不容易理解平均数、中位数和众数概念。因此，在统计概念的教学设计中，应体现出统计的思想方法，让学生能品尝到其中的“统计味”，才能真正理解统计概念的含义，这才是统计课的最终目的。

在中小学数学教学中，统计教学是一个重要的内容。我国学生对统计量的计算掌握较好，但在理解和运用方面存在困难。统计概念的教学看似简单，实则不易，这是教学中的一个困惑点。在我国，随着新课程改革的实施，统计内容已经成为中小学数学教学的一个重要方面，而目前却缺乏系统地针对统计概念理解的研究，因此，深入开展这方面的研究是十分必要的。国内外学者对平均数、中位数和众数的理解进行了一系列的实证研究，而从历史视角进行的研究不多见。目前，数学史融入数学教学方兴未艾，这为在统计概念教学中运用数学史创造了条件。因此，在平均数、中位数和众数概念的教学中融入数学史具有重要的意义。

第 4 章

数学史融入统计概念教学的研究设计

本章首先阐述数学史融入数学教学研究设计的理论基础，再对研究方法做一个总体的概述，最后分别具体阐述研究的对象、教学实验的过程、研究工具、数据的收集以及数据的处理和分析。

4.1 现实主义数学教育思想

弗赖登塔尔的现实主义数学教育思想（RME）是数学史融入数学教学研究设计的指导性理论。近 20 多年来，各种不同的研究已经拓展了现实主义数学教育的思想，下面介绍一些影响广泛的观点。

4.1.1 现实主义数学教育的主要原则

特雷弗斯（Treffers，1987）在早期的一项数学教育研究中，提出了 RME 的 5 条原则：

1）现象探索：一个概念丰富和有意义的背景和现象，无论是具体的还是抽象的，都应该值得去探索，以此发展直觉观念，这是概念形成的基础。

2）使用模型和表征去分析渐进的数学化：从直觉观念、不正式途径和有限背景到正式数学概念的发展是一个渐进数学化的过程，各种各样的模型和表征在其中起到了重要的作用，为学生提供这些工具是有意义的，并且对概括和抽象也是有潜在作用的。

3）学生自己建构并得出结论：学生自己做什么才是有意义的呢？让学生自己去建构并得出结论是教学的一个基本成分。

4）互动：每个学生都在不断比较各种模型和表征的优缺点，他们能够从小组或全班的讨论中获益。

5）学科交织：在教学中，考虑和其他数学知识以及其他学科知识的联系是很重要的。如学习统计时，学生需要什么样的代数或科学知识？理解分布这个概念时，会涉及哪些统计概念？因此，数学教育应该引导数学和其他知识的有机融合。这就是说，在教学中，数学理论和它的应用是不可分割的，因为理论是从解决问题中得到发展的（Bakker，2004）。

4.1.2　有指导的再创造

弗赖登塔尔（1973，1999）指出，数学是一种活动，而不是一个已被定型的系统。当学生渐进数学化他们自己的数学活动时，就能够在教师和教学设计的指导下再创造数学（guided re-invention）。这就意味着，学生经历数学学习的过程类似于数学发现的过程。现实主义数学教学的设计者，能够利用不同的方法设计出引导学生再创造的数学活动。

第一种方法是弗赖登塔尔称为“思维-实验”的方法，即设计者应该想象出他们自己怎样才能再创造数学的问题。他说：“在教学上我主张‘思维-实验’法，即一个教师或教科书作者的头脑里，想象有一个或是一群学生，在内心设想如何给他们进行教学，事先重演他们可能出现的反应。想象中的学生是积极主动的，而且他们的活动又允许教师限定进展的方式。从狭义的角度看我愿意接受苏格拉底的方法，教学内容是在教学过程中再创造或再发现的。学科内容在学生眼前开始，而不是教条地呈现给学生。虽然在苏格拉底方法中学生自己的活动是编造的，但学生应该留下这样的感觉，即认为教学内容是在教学中产生的，也就是说在课堂上出生的，教师只是个助产士。”（弗赖登塔尔，1999：130）事实上，这也是弗赖登塔尔在阅读数学定理时采用的方法：寻找自己对定理的证明。

第二种方法是研究这个问题的历史。弗赖登塔尔（1995：94）说：“力求用发生的方法来教概念，并不意味着必须完全按照知识的发展顺序，甚至连走过的弯路与死胡同都不加删除地教。而是设想那时如果有教师已经知道了我们现在所知道的东西，应该如何去发现，就像看得见的人可以告诉盲人如何去创造和发现。”如何利用历史来进行再创造呢？弗赖登塔尔（1999：67）指出：“历史告诉我们数学是怎样创造的。我曾经问过这样一个问题，学生是否需要重复人类的学习过程？当然不应该，自古以来，历史正是通过避免走盲目的道路，通过缩短大量弯曲小道，通过历史自己重新组织的道路系统来修正自己。新一代继续他们祖先所形成的知识，但他们并不是直接跨到老一辈所达到的水平。他们被置于更低的水平，在此基础上重新开始人类的学习过程，尽管是以一种修改的方式。教育者承担了帮助他们的任务，但不是通过规定，而是通过允许他们再创造他们应该学到的数学。”这种方法通过历史现象学来实现，是历史启发的教学方法，也就是我们通常所说的发生教学法（Tzanakis and Arcavi，2000）。另外一种完全不同的方法，是把思维过程颠倒过来，把结果作为出发点，去把其他的东西推导出来，弗赖登塔尔把这种方法称为违反“教学法的颠倒。”这种方法掩盖了创造的思维过程，如果学习者不实行再创造，他对学习的内容就难以真正理解，更谈不上灵活应用了（弗赖登塔尔，1995）。

第三种方法是使用学生非正式的解答策略作为一种资源：教师怎样才能帮助学生更好地接近最终的目标呢？有时，学生解答问题不正式的方法预示了我们所要达到的更正式的程序。例如，格拉韦梅耶（Gravemeijer，1999：158）发现，在解决 4 个孩子分 3 个披萨的问题中，学生提出了各种解决的方法，其中包含不同分母分数相加减的过程。有学生提出了与 3 除以 4 一致的解答，如 3 乘以 $\frac{1}{4}$，一半加 $\frac{1}{4}$，1 减去 $\frac{1}{4}$ 等，用正式的符号写出即 $\frac{3}{4}=3\times\frac{1}{4}$, $\frac{3}{4}=\frac{1}{2}+\frac{1}{4}$, $\frac{3}{4}=1-\frac{1}{4}$。在这个意义上，学生不正式的解答方法预示了传统标准的过程，如 $\frac{1}{2}+\frac{1}{4}=\frac{2}{4}+\frac{1}{4}=\frac{3}{4}$，而且教师能够采取措施帮助学生发展类似于传统标准的过程。

4.1.3 学习过程的水平

特雷弗斯（Treffers，1987）拓展了再创造的思想，区分了水平数学化和垂直数学化的概念，其中水平数学化能使一个情景问题转换为一个数学问题，而垂直数学化能把数学问题提升到一个更高的水平层次，后者影响到复杂的数学处理过程（弗赖登塔尔，1999：57）。弗赖登塔尔把这种特征描述为：水平数学化把生活世界引向符号世界，垂直数学化指在符号世界里的调节、操纵和反思，即在生活世界里经历的就是现实，而在符号世界则是关于它的抽象化。特雷弗斯提出，学习者应该经历“渐进式数学化”的学习过程。学生首先应该把现实情景中的问题数学化，再转而分析和反思自己的数学活动。后者的过程实际上已经包含了垂直数学化的成分（Gravemeijer and Terwel，2000）。弗赖登塔尔和范·希尔（Van Hieles）夫妇合作时，发现范·希尔在学习如何进行教学的过程中，所认识到的学习过程有一个明显的特征：思维在连续地活动，而且有相应的各种层次；在进入较高层次的活动时，较低层次的活动就成为较高层次活动的分析对象。随后他们把这个特性移植到学生的学习过程中，也发现了类似的层次。弗赖登塔尔（1999：132）把这种学习过程描述为“学习过程是由各种水平构成的。较低水平上组织的活动，成为较高水平上分析的一个对象；较低水平上可操作的内容成为下一个水平的学科内容。学生学习通过数学的方法组织活动，把这种自发的活动数学化，或使自己更适合通过这种方法来学习”。事实上，这种从操作内容到学科内容的转换与斯法尔德（Sfard）描述的从操作到对象的发展是一致的。

4.1.4 教学现象学

根据教学现象学的原理，教学设计者需要研究教学主题的问题情景（Freudenthal，1983）。弗赖登塔尔强调选择现象丰富的情景，可以根据学生需要建构的数学对象去组织这些情景。其目标是指出思维对象如何描述和分析这种现象，以及这种现象如何为计算和思维活动提供便利（Van Amerom，2002：54；Gravemeijer，2000：787）。数学不同于其他学科，它产生于常识和现实。在数学曾经被创造的地方，它现在还应该被再创造。情景作为一个现实的领域，在一些特殊的学习过程中，呈现给学生以供其数学化（弗赖登塔尔，1999：102）。数学概念的现象学是围绕这个概念组织起来的对现象的一种分析，这种现象学有以下几种方式。

1）数学现象学。用数学的观点来研究与数学概念有关的现象。例如，多次测量取平均数用来减少天文观察中的误差。

2）历史现象学。研究导致数学概念产生的历史发展现象。例如，平均数从许多不同的背景中演化而来，如航海、冶金学和天文学等。直到 16 世纪两个数的平均数才被推广到多个数的平均数，它的首次使用是用来估计大数问题。

3）教学现象学。从教学兴趣的角度研究与数学概念有关的现象。例如，把一幅分散不均的大象图片划分成许多格子，利用平均盒子来估计大象的大小。

历史研究的目的是发现问题情景或现象，为学生理解数学概念的发展提供基础。这种问题情景可能首先会出现在具体的情景中，引导问题解决，但是能够推广到其他的问题情景中，这种现象可以借助于浮现模型（emergent model）来阐释。

4.1.5 数学化模型

弗赖登塔尔提出了水平数学化和垂直数学化思想，认为数学应该被看待为人类的一种活动。数学化过程是一个由浅入深的渐进过程，可以用浮现模型来表示。浮现模型能够帮助学生从不正式的数学活动发展到正式的数学活动。这个模型的 4 个水平层次可以描述如下（Gravemeijer，1999；张国祥，2005）。

1）情境水平（situational level）：指任务情境中的数学活动，数学问题的阐述和解答与相关的活动情境紧密相连。

2）指涉水平（referential level）：指在教学情境中产生的数学活动，需要用具体的数学模型去代表特定的数学对象。该水平层次又称为 Model of 层次。

3）普遍水平（general level）：概括和形式化的活动，用具有普遍性的数学模型去独立解释和解答具体情境中的数学问题。该水平层次又称为 Model for 层次。

4）形式水平（formal level）：用常规的表征进行推理，不再依赖用于分析数学活动的模型。

浮现模型描述了代表某一情境的数学模型是如何渐化为用于分析正式推理的过程。首先，这个模型的意义来源于学生熟悉的和真实的情境，在这种情境中解答数学问题允许学生采用不正式的途径（Bakker，2004：111）。接下来，在对这个模型进行一般化和形式化的活动过程中，学生开始关注他们自己的策略，模型的特征也发生了变化。最后，模型本身变成了研究的对象，成为推理的一种形式，而不是在具体情境中符号化数学活动的方法（van Amerom，2002：55；Gravemeijer，1999）。这个模型在建构正式数学的过程中起到了重要作用，它要求学生自己去建构和再创造正式的数学（Gravemeijer，1999）（图 4-1）。

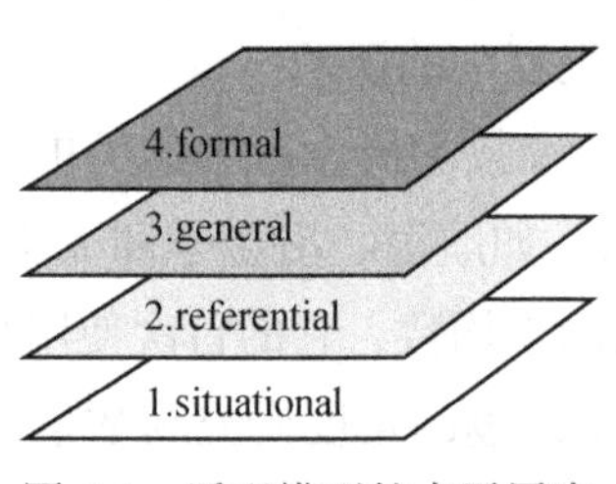

图 4-1　浮现模型的水平层次

4.2　研究总体设计

本章进行了一个数学史融入平均数、中位数和众数教学的实验研究。在深入挖掘统计概念历史现象的基础上，围绕这个教学实验，从课堂教学活动、学生学习认知和教师专业发展这三个方面进行相关的研究。

第一，考察在课堂教学中运用数学史的具体情况。数学史在数学教学中的运用，主要体现在数学活动中。因此，研究者根据统计概念的“历史现象”设计数学活动，并由任课教师结合学生实际情况，自行编写教案，经过反复讨论后付诸实践。由于课堂教学时间的有限性，平均数的历史起源问题无法一一在课堂上再现，因此采用学习单的形式让学生利用课余时间去阅读，并完成相关的问题。为了检验数学史融入数学教学的效果，以问卷调查的形式了解学生对这种教学形式的看法，也结合个别访谈了解学生的感受。最后，对教学中的数学活动从背景设置、历史对应关系和教学功能等几个方面进行分析，以便更好地理解数学活动的本质。

第二，考察数学史融入数学教学后学生认知发生的变化。在数学教育研究中，变量的控制很难达到令人满意的程度，导致采用实验班和控制班的方式是困难的，而且所得到的统计数据也几乎不能提供关于学生理解和学习方面足够多的信息，因此数学教育研究很少能够考虑两个几乎相同的班级进行实验研究（Selden and Selden，1992；Reed，2007：72）。黄毅英（1998）认为，在数学史融入数学教学的实验方面，简单的“前试—实验/控制—后试”模式未必能完全协助我们探讨此类教学实验。我们或许可利用国际教育成就评价协会（IEA）关于数学研究的“意图—实施—达成”三层架构加以探讨，即研究者根据一定的教学意图设计教学活动，在教学活动实施过程中通过观察、反思等活动了解执行有关理念的程度，并对实施方案加以调整，从而促进目标的达成（黄毅英，1998）。

本章采用质性研究的方法，选取两位教师的两个教学班作为实验班，没有设立控制班，采用单组实验的方法，根据前后测的数据得出研究结论，即在教学实验前后，以定量的方式分析学生对所学概念的掌握情况，并以个案的形式考察 6 名学生认知发展的变化。个案研究采用改编的 SOLO 分类法，考查学生认知变化产生的原因。

第三，考察数学史融入数学教学对教师专业化发展产生的影响。这部分内容包括两个方面：一是数学史融入数学教学后，考察教师专业发展经历的过程，并用诠释学四面体模型进行解释；二是通过课堂录像和访谈等形式，依托数学活动案例，考察 2 名任课教师 SKT 的使用情况。

4.3　研究对象

数学史融入数学教学在一些发达城市已经有了比较成功的经验，但在中小城市开展的并不多，而且数学史融入数学教学需要教师和学生都有较好的基础，否则很难取得好的教学效果。因此，本章研究选择西部某中等城市，从当地选择一所优秀初中学校作为实验学校。在对教师的选择上基于以下考虑：数学史融入数学教学在该校是第一次，年轻的、经验不足的教师可能难当此任，因此需要选择教学经验丰富的高级教师或一级教师作为任课教师。在学校领导的大力支持下，从该校 8 年级选择两位教师作为研究的对象，他们的基本情况如表 4-1 所示。

表 4-1　教学实验两位任课教师的基本情况

教师	性别	教龄	学历	职称	任教班级	是否担任班主任
Y	男	22	本科	高级教师	（1）、（2）	（2）班班主任
Q	女	12	本科	一级教师	（3）、（4）	否

Y 老师，1989 年毕业于某师范大学数学系，获学士学位，先在某厂矿技工学校教学 7 年，后调到现在的学校，教了 1 年 7 年级，然后去高中部任教。2010 年，该校撤销高中建制，高中教师实施人员分流，Y 老师不愿到其他高中学校任教，就留在了本校初中部，现承担两个班数学课程的教学，担任其中一个班的班主任。Y 老师在教学之余，还积极研究教育教学，撰写了多篇论文，并发表于省市级期刊。

Q 老师，1999 年毕业于某师范学院数学系，获专科文凭，后分配到某县中学教数学，2007 年取得原师范学院数学系本科学士学位，2008 年调入现所在的学校。Q 老师从任教开始，就一直从事初中数学教学，现承担该校两个班数学课程的教学。Q 老师对教学工作非常敬业，教学素质较好，多次在市、校课堂教学竞赛中获奖。

该校数学教研组组长说，Y 老师和 Q 老师教学非常认真负责，很勤奋，教学效果不错。她进一步指出，Y 老师在教学中能够较好地把握全局，对数学内容的理解比较深刻，但对细节重视不够；Q 老师讲课比较细致，流程较完整，若在衔接上处理好过渡就更好了。该校校长很支持本次教学实验，但还是有所顾虑：开放性的教学设计在传统教学模式下实施能取得好的效果吗？校长意指在数学史融入统计概念教学的设计中，有很多教学活动与常规活动不一样，但两位老师已经习惯了常规的教学，对新的教学方法可能难以适应。

Y 老师和 Q 老师各教授八年级两个教学班，这样可以将他们相应的教学班级作为实验班级。这 4 个班级不妨设为（1）—（4）。据年级主任介绍，从前几次考试的情况来看，这 4 个班级的数学成绩在全年级处于中等水平。根据两位老师的建议，选择 Y 老师的（2）班和 Q 老师的（4）班作为实验班，因为他们认为这两个班学生学习的积极性要高一些。在教学实验期间，研究者完整地听了 Y 老师在（2）班和 Q 老师在（4）班所上的课，本也想听（1）班和（3）班的课，但由于教学时间有冲突，对这两个班的课听得很零散。实验学校使用人教版教材，学生在小学阶段也使用人教版教材。该校每节课的课时为 40 分钟。

4.4　教学实验过程

4.4.1　准备和设计阶段

第一个阶段是挖掘统计概念的历史素材。研究者于 2011 年 1—12 月通过阅读各种历史文献，尽可能收集了一些关于平均数、中位数和众数的历史材料。

第二阶段是数学活动的教学设计。课堂教学中运用数学史，不是完全再现历史进程，而是再现数学发展进程中的经典瞬间，让学生接受数学思想的洗礼。因此，需要选择一些历史素材，使之能运用于数学活动的教学设计中。为了使设计的数学活动更切合课堂教学实际，任课教师参与教学设计是必要的。因此，在教学设计的过程中，研究者与两位任课教师进行了 4 次讨论。

第一次讨论时间是 2012 年 3 月 19 日，主要讨论用于统计概念教学的历史素材。在此之前，研究者提前把整理好的历史素材发给了两位任课教师。两位老师认为，历史素材太多，有些材料不太看得明白，在课堂教学中实施有一定的难度，希望再进一步精简，以更通俗的形式运用于课堂教学中。

研究者的本意是让两位教师了解相关概念的历史，要求他们据此进行教学设计，但由于两位实验教师没有 HPM 的基础，设计数学史融入统计概念的教学是困难的。为此，研究者在基于历史背景的情况下，结合教材实际，改编了一些历史案例，形成了《基于历史的统计概念教学活动设计》，供教师使用。

第二次讨论时间是 2012 年 4 月 28 日，主要讨论基于历史的统计概念教学活动设计方案。这次讨论，除了研究者和两位实验教师外，还特地邀请了该校数学教研组九年级的一名高级教师和本地高校数学系一名教授参与。九年级的这位教师教学多年，对这部分内容熟悉，她也表示出对数学史融入数学教学有兴趣。高校数学系的教授长期从事数学教学研究，对中学课堂教学很有研究。请这两位教师参加，希望能对教学实验提供一些具体的指导。在对数学活动案例的讨论中，参与讨论的教师对下面的一个绝对值问题质疑：

案例：求函数 $f(x)=|x-1|+|x-2|+|x-5|$ 的最小值。

该题的设计来源于历史现象，即对于一组观测数据 x_i，使 $\sum|x_i-a|$ 达到最小的 a 是这组数据的中位数。Y 老师指出，绝对值问题的案例适合高中教学，在初中教学困难较大。经过讨论，大家认为，这道题目虽很有意义，但确实超出了 8 年级学生的要求，最终还是决定放弃了这个案例。

老师们认为，根据数学史设计的教学活动方案丰富了原有的教学内容，切合教学实际，可以实施。另外，任课教学需要结合这些数学教学活动，深刻领会其历史背景，自行作出富有特色的教学设计。

第三次讨论时间是 2012 年 5 月 18 日，主要讨论两位任课教师的教学设计，该校数学教研组长和八年级的年级主任参加。数学教研组长是该校的教学名师，曾经在省级课堂教学大赛中荣获一等奖，她对数学史融入教学表示出了很大的兴趣，表示愿意使用这种方法上一节公开课。不过，由于她外出参观考察，我们未能看到她精彩的讲课，她也为此深表遗憾。此外，还就教学录像、录音等事项达成共识。

第四次讨论时间是 2012 年 5 月 20 日，主要讨论第二天要上的第一次课的一些细节问题。

4.4.2 教学实验

本章研究的课堂教学时间持续 2 周，从 2012 年 5 月 21 日至 2012 年 6 月 3 日。本章研究按照教材教学顺序设计教学活动，使这些活动贯穿于每一节的教学过程中，这样没有改变整体的教学结构，但对每一节的教学内容作了适当调整（表 4-2）。这些数学活动有些是直接来源于历史现象，如《九章算术》中的平分术；有些是根据历史材料改编而来，如寻找质点中位数改编于中位数的历史起源；还有些是渗透了历史背景的题目，如献爱心捐款活动就与平均数对极端值的敏感性相关；而中位数是具有稳健性的历史问题。在教学中使用这些数学活动，并非都是补充的数学活动，有时可以代替教材中的某些问题，如采用“平均身高和体重的计算”引入加权平均数，就可以替代教材中的“耕地问题”。

表 4-2　平均数、中位数和众数的教学课时安排表

课次	课题	数学活动
第 1 次课	平均数的起源	估计数学测验的总分、古印度人估计树叶和果实的故事、《九章算术》中的平分术、帽子平均数问题
	课后学习单	天文学中的平均数、航海贸易中的平均数、魁特奈特和他的“平均人”

续表

课次	课题	数学活动
第 2 次课	加权平均数的引入	身高和体重的问题
第 3 次课	组中值的探究	估计船员人数问题、探究公共汽车的载客量
第 4 次课	利用样本平均数估计总体平均数	货币检查箱的故事
第 5 次课	中位数	献爱心捐款活动、寻找质点中位数、利用指南针确定航海位置
第 6 次课	众数	数城墙砖块数目、鞋子的颜色
第 7 次课	平均数、中位数和众数的选用	员工工资问题
第 8 次课	课题学习	
第 9 次课	数学活动（课外完成）	你是“平均学生吗”？
第 10 次课	小结、复习	

如果数学史融入数学教学占用了较多课时，影响了教学进度，则是不可取的，也是任课教师无法接受的。教材第二十章“数据的分析”的第一节是“数据的代表”，根据教参划分的课时，这一节需要 5 课时，而任课教师反映实际教学需要 6 课时，本研究设计的教学实验课时为 7 课时，比常规课时多出的 1 课时主要出现在第一课时（表 4-3）。这是第一节课，理应对小学学习过的平均数、中位数和众数作一个复习，再引入加权平均数的概念。事实上，很多教材都是这样安排的，如华东师大版教材的第 1 小节为“算术平均数的意义”；北师大教材要求学生能够利用算术平均数计算两个篮球队队员的身高，并回顾了算术平均数的计算公式；苏教版教材要求学生比较两个小组学生的身高。本研究设计了平均数的起源问题，是为了培养学生对平均数的直觉能力。

表 4-3　第二十章课时安排表

章节	教参课时	常规课时	教学实验课时
20.1　数据的代表 20.1.1　平均数	3	3	4
20.1.2　中位数和众数	2	3	3
20.2　数据的波动 20.2.1　极差	1	1	1
20.2.2　方差	4	3	3
20.3　课题学习	2	1	1
小结	2	1	1
合计	14	12	13

4.4.3 回顾分析

研究者每次听完课后，都与任课教师交流，主要包括两个方面：一是总结回顾本节课的成败得失，提出改进意见；二是讨论下一节教学内容的具体细节。

4.5 研究工具

4.5.1 课堂教学情况学生调查问卷

为了了解数学史融入统计概念教学的情况，需要设计问卷调查学生对教学的反馈意见。沙佩尔（Chappell，2006）研究了概念教学对学生概念理解、应用技能、迁移能力等方面的影响。为了检验教学的效果，他设计了访谈问卷，对学生进行访谈。本书结合数学史融入数学教学的实际情况，对沙佩尔的问卷进行改编，得到数学史融入数学课堂教学情况调查问卷（附录 4）。在设计问卷时，为了得到详细、高质量的回答，对问卷题目的数量有所限制，因此只有 3 个题目。

第一个问题从学生的视角，讨论老师基于数学史的教学方法与以前的教学方法是否有所不同。

第二个问题没有请学生直接评价授课效果与学习效果，而是请学生对他人的观点进行评论。该问题直接表达了所研究的问题：从学生的视角，为什么数学史融入数学教学能够取得较好的效果？

第三个问题希望通过学生对未来的期望，反映学生对数学史融入数学教学的认同情况。

在教学实验结束之后，把问卷发给（2）班和（4）班的学生，让其带回家做，虽无记名，但要求学生独立完成每个问题，第二天由研究者亲自到教室收集，这样做的好处是学生不易受到其他同学观点的影响，同时，任课教师也没有看到学生的回答，这样可以反映出学生的真实想法。研究者对学生的回答每个问题进行了分析，按照题目顺序进行分类统计，并列举了一些比较典型的回答。

4.5.2 课堂教学情况学生访谈提纲

在教学实验进程过半时，根据平时掌握的情况，选择两个班优、中、差各 3 名学生进行半结构访谈，主要目的是了解数学史融入数学教学后学生学习的现状，以便进一步改进后期教学实验。访谈提纲见附录 5。

4.5.3　学生认知发展前、后测试卷

有研究发现，我国学生对平均数、中位数和众数的计算掌握得较好，而在理解方面存在较大偏差（吴颖康和李凌，2011；曲元海等，2006；李慧华，2008）。因此，本书不重点考察学生对这三个统计概念的计算，而把注意力转向学生对这三个概念基本含义的理解和选择使用情况。鉴于格勒（Gfeller et al.，1999）、利维和奥洛福林（Leavy and O'Loughlin，2006）、沃森（Watson，2000）在考察学生对统计概念的理解时，都把解决问题的策略作为一个重要方面，因此，本章把问题解决作为概念理解的一个水平。这样，把学生对平均数、中位数和众数的理解划分成本意理解、选择使用和问题解决 3 个水平。

基于这种分类，研究者参阅了已有的一些研究，编制了相关的测试题目，分为前测和后测。具体描述及测试题的归类和数量见表 4-4。两份问卷设计完毕之后，分别寄给一位概率统计专家、一位数学史专家、一位数学教育专家、一位中学高级教师和一位从事概率统计教育研究的博士生，征求他们的意见，根据他们的反馈意见，在测试之前对题目又做了一些修改。

表 4-4　前后测试题的水平及其数量

水平	类型	描述	题目
第一水平	本意理解	对单个概念基本意义的理解	1、2、3
第二水平	选择使用	能够正确、合理地选择使用三个统计量	4、5、6
第三水平	问题解决	能够运用这三个概念去解决复杂任务	7、8

前测问卷于 3 月中旬在该校其他教师任教的班级进行预测试，根据测试结果，选择部分学生进行访谈。在此基础上，对问卷进行适当修正。如预测试题的第一题：什么是平均数、中位数和众数？为什么要使用这些概念？如何使用这些概念？

概率统计专家指出，这道题不适合放在第一题，因为学生容易产生抵触情绪，这道题可能更适合作为访谈的问题。在预测试中，有学生说，可不可以不做这道题。在访谈中发现，其实学生大多知道如何计算平均数、中位数和众数，但不愿意写出概念的定义。根据专家建议和学生的反馈，在正式测试中取消了这道题，将其作为访谈过程中临时选用的问题。

测试卷经过修订后，于 3 月下旬对（2）班和（4）班学生进行正式测试，根

据测试结果，各选择 10 名学生进行访谈。

在我国人教版中小学教材中，三年级下册需要学习算术平均数，五年级上册学习中位数，五年级下册学习众数，八年级学习加权平均数并进一步学习中位数和众数。鉴于此，为检验教学实验的效果，本书研究设计后测问卷的前 8 题与前测问卷是平行问卷，第 9 题为加权平均数运用的测试，改编自梁绍君（2006a）曾经用过的一个测试题，数据分析时单独列为一个题目，不与其他题目混合统计。在教学实验结束之后，仍先在其他教师任教的班级进行预测试。根据预测试结果，选择部分学生进行访谈，重新修订了问卷，对（2）班和（4）班学生进行正式测试。测试之后，再次访谈了原来访谈过的学生。

前后测时间均为 1 节课，利用下午班会或教师集中开会时间进行，首先由任课教师给学生作一个简短的测试情况说明，然后教师离开教室去开会，由研究者亲自监测。最后形成的前后正式测试卷见附录 2 和附录 3，每个题目的来源见表 4-5，前后测题目对比见表 4-6。

表 4-5　前后测题目的来源

题目	前测题目来源	后测题目来源
1	李凌（2009：40 页第 7 题）	由前测改编
2	根据定义自行设计	同前测
3	Watson and Moritz（1999：20）	同前测，改变选项顺序
4	Pearson Prentice Hall 六年级教材	由前测改编
5	Zawojewski and Shaughnessy（2000）	同前测
6	改编自曲元海等（2006）	由前测改编
7	Marnich（2008）	MacCullough（2007）
8	苏教版八年级上册	改编自李凌（2009）

表 4-6　前后测试卷题目对比

前测题目	后测题目
q01 歌咏比赛问题	h01 演讲比赛问题
q02 数台阶问题	h02 数台阶问题
q03 平均孩子数问题	h03 平均孩子数问题
q04 上网时间问题	h04 看电视时间问题
q05 看电影观众人数问题	h05 看电影观众人数问题
q06 运动会彩旗方队问题	h06 运动会彩旗方队问题
q07 实验室样品称重问题	h07 建筑物高度问题
q08 汽车销售定额问题	h08 机器生产定额问题

注：其中 q 表示前测，h 表示后测。如 q03 表示前测第 3 题，h03 表示后测第 3 题。

通过与其他研究者提出的统计概念理解水平进行比较（Watson，1997；吴颖康和李凌，2011；曲元海等，2006）（表 4-7）。可以看出，本研究提出的统计概念的理解水平处于较高的层次，其中本意理解已经包含计算能力，在选择使用水平层次上隐含了对选择的统计量做出合理解释，最为明显之处在于能够利用统计量去解决实际问题。

表 4-7　统计概念理解水平的比较

学者	不了解	正确计算	本意理解	选择使用	合理解释	解决问题
沃森		√		√	√	
吴颖康，李凌		√		√	√	
曲元海，项昭，李俊扬	√	√	√	√		
本书研究者			√	√		√

4.5.4　教师访谈提纲

在教学实验结束之后，对两位任课教师就数学史融入数学教学的情况进行半结构访谈，主要包括以下几个方面的内容：运用数学史的态度、信念、数学史的价值、教师的作用、影响因素、效果评价、专业知识和教学法知识的变化，详见附录 6。

4.6　数据的收集

本研究主要从以下几个方面收集数据：观察听课、课后访谈、问卷调查、文本资料等。数据收集工作，主要从 2012 年 1—6 月，历时半年。

4.7　数据的处理和分析

数据处理采用定量和定性相结合的方法，其中对问卷调查和来自前后测试的数据主要采用定量分析的方法，对观察听课、课后访谈和文本资料的数据则采用定性分析的方法。

4.7.1 定量的方法

对于问卷调查的分析，把学生的回答进行编码，利用百分比进行描述。下面重点说明前后测问卷中数据的统计方法。该问卷的题型主要有两种类型，一种是选择题，另一种是解答题。为了了解学生在3个认知水平上的表现，需要对每一个题做出合理的评判，故制定如下评分方案。每一道题目满分为3分，整套题目共24分。1—6题为选择题，7—8题是解答题。测试题的内容和理解水平详见表4-8，评分标准见表4-9—表4-12。

表 4-8 测试卷按内容和水平划分的双向细目表

理解水平	平均数	中位数	众数
本意理解	q03、h03	q01、h01	q02、h02
选择使用	q05、h05	q04、h04	q06、h06
问题解决	q07、h07	q08、h08	

表 4-9 前后测第 1—6 题的评分标准

序号	回答情况	得分
1	选择正确答案并做出合理解释	3分
2	选择正确答案，并且对理由的说明有一定道理但不完全正确	2分
3	选择正确答案，没有说明理由或对理由的说明完全错误	1分
4	选择了错误答案，或者没有作答	0分

表 4-10 前后测第 7 题的评分标准

序号	回答情况	得分
1	采用“移多补少”方法并得出正确结论	3分
2	采用“移多补少”的方法但结论不正确，或采用其他方法得到正确结论	2分
3	采用其他正确方法得到错误结论	1分
4	方法错误，或未作答	0分

表 4-11 前测第 8 题的评分标准

序号	回答情况	得分
1	判断为不合理，并用中位数做出合理解释	3分
2	判断为不合理，并用众数做出解释	2分
3	判断为不合理，解释错误或无解释	1分
4	判断为合理，或未作答	0分

表 4-12　后测第 8 题的评分标准

序号	回答情况	得分
1	选用 9 台，用中位数做出合理解释	3 分
2	选用 9 台，用中位数解释，但不太清楚	2 分
3	选用 9 台，解释不正确	1 分
4	选用 8 台或其他，或未作答	0 分

评分结束后，把这些数据录入计算机，用 SPSS 统计软件进行数据处理。采用 t 检验的方法，检验数学史融入数学教学前后学生认知发生的变化，主要考察在理解水平、学习内容方面以及每道题目上存在的差异。

4.7.2　质性的方法

质性研究能够帮助我们探索复杂的现象并解释这些现象。在定量研究的基础上，从两个实验班选择 20 名学生作为访谈对象，最终采用目的性抽样的方法各确定 3 位学生作为个案研究对象。在统计研究中，采用改编的 SOLO 分类法，考查学生的认知水平。

在 SOLO 分类法中，学生对每一个问题的回答被划分为 5 个水平：前结构（prestructural）水平、单一结构（unistructural）水平、多元结构（multistructural）水平、关联（relational）水平和拓展抽象（extended abstract）水平。如前所述，沃森和莫里茨（Watson and Moritz，2000）研究学生对平均数理解的纵向发展时，把 SOLO 分类法划分为 6 个水平。

格罗思和伯格纳（Groth and Bergner，2006）在考察小学职前教师关于平均数、中位数和众数的概念性和程序性知识时，给出了 SOLO 水平的分析框架：

单一结构水平（U）：对于这三个统计量的比较，除了定义，没有其他的任何策略。

多元结构水平（M）：这三个统计量都是用来分析一组数据的工具，没有反映出用来测量数据的中心或典型性。

关联水平（R）：用一些方法来测量一组数据的集中趋势或典型性。

拓展抽象水平（E）：超越了关联水平，包括一个统计量可能比另一个统计量更好或更有用。

我们在前测访谈中发现，几乎所有学生都能说出平均数、中位数和众数的定义，只是不太准确而已，结合学生对前测问题的回答，发现学生没有出现前结构水平，在单一结构水平的人数也是很少的。有相当一部分学生介于多元结构水平和关联结构水平之间，他们从多元结构水平过渡到关联水平存在一定的差距，其中有些学生能够用这三个统计量来分析一组数据，但对统计概念还有一些模糊的理解，如平均数就是表示大多数、平均数一定超过一半等，而有些学生已经澄清了这些模糊认识，但却不能把这些统计量相互联系起来，没有认识到它们是用来表示一组数据的集中趋势。为了更好地区分这些学生的认知水平，有必要在多元结构水平和关联结构水平之间设立过渡水平，也可称为前关联水平。另外，学生对统计量的运用也是一个重要的方面，它包含于拓展抽象水平，但比拓展抽象水平更易于操作，因此，可以把这阶段的水平按照沃森和莫里茨（Watson and Moritz，2000）的做法，分为两个应用水平。于是，提出描述学生理解统计概念的认知水平：单一结构水平（U）、多元结构水平（M）、过渡水平（T）、关联结构水平（R）、应用水平 1（A1）和应用水平 2（A2）。具体分类如表 4-13，并依此框架，界定了每道测试题的最高认知水平，见表 4-14。这样一来，我们可以采用类似沃森和莫里茨（Watson and Moritz，2000）的方法，不是具体给出每个学生每道题目的认知水平，而是从总体上把每个学生的认知水平刻画出来。

表 4-13　学生对集中量数的认知水平

认知水平	概述
U	能基本说出平均数、中位数和众数的定义，能把平均数、中位数和众数作为数据分析的工具，但只能单独利用这三个概念之一去解决相关的问题
M	学生能把平均数、中位数和众数作为数据分析的工具，但还存在一些模糊的认识。能理解两个及以上的概念，能利用两个及以上的统计量去解决问题
T	能理解平均数、中位数和众数这三个概念，能用多个统计量去解决简单问题，已经澄清了一些模糊认识，但还不能把这些统计量相互联系起来
R	学生能理解平均数、中位数和众数都是表示集中趋势的统计量，或者是一组数据的典型代表，或能够区分它们的使用，如平均数容易受到极端值的影响、中位数不容易受到极端值的影响。能够有机地将这些统计量的各种特征联系起来，在不同的背景下选择使用这些统计量
A1	把统计量运用到一个复杂任务中
A2	把统计量运用到两个复杂任务中

表 4-14　每道题目的最高限度水平

题号	1	2	3	4	5	6	7	8
最高限度水平	M	M	T	R	R	R	A1	A1

需要说明的是，在利用上述认知水平分析学生对平均数、中位数和众数的理解时，单从测试卷的回答中很难判断学生达到的水平，而只有通过访谈才能真正

确定其认知水平。由于在前、后测试中，我们仅访谈了少部分学生，因此可以界定这部分学生的认知水平，而对于全体学生而言，无法一一界定其认知水平，因此，在定量研究中还是采用前面给出的评分方案比较恰当。

4.8　本章小结

综上所述，数据的收集主要来源于课堂观察、课后访谈、问卷调查和测试、文本资料等几个方面。本章设计的特色主要体现在以下几个方面。

1）实验方法：本研究采用单组实验的方法，即在数学史融入统计概念教学的前后，测量两个班学生的认知水平，并以个案的形式考察 6 名学生认知发展的变化，最后根据前后测的数据得出结论。

2）数学活动的设计：数学史介入教学，主要通过数学活动来体现。本研究在考察了平均数、中位数和众数概念历史发展的基础上，结合教学实际情况，根据历史现象设计相应的数学活动。

3）概念理解的 3 个水平：由于本研究主要考查学生对统计概念的理解，而不是计算，因此把学生对概念的理解分为 3 个水平，即本意理解、选择使用和问题解决。

4）前后测试卷：围绕本研究提出的理解的 3 个水平来设计前后测试题，这些题目大多直接来自或改编于国内外已有研究的测试题。问卷设计之后，请 5 位专家进行论证，经过预测试，再修改之后形成正式问卷。从问卷的形成过程来看，确保了问卷的信度和效度。

5）认知水平：在已有研究的基础上，结合学生对前测的回答，在个案研究中，把学生对统计概念的认知水平划分为单一结构水平（U）、多元结构水平（M）、过渡水平（T）、关联结构水平（R）、应用水平 1（A1）和应用水平 2（A2）6 类。

第 5 章

统计概念的历史现象

有研究表明，了解所教主题的历史是教师教学需要做的准备工作（Fauvel and van Maanen，2000；Gulikers and Blom，2001）。根据历史相似性，历史上数学家遭遇到的困难会在当今学生身上重演。通过对概念历史发生过程的分析，我们期望能够识别概念的各个方面和不同层次。关注历史的发展，能够帮助我们从学生的角度去理解知识，并引导学习的过程。

然而，统计概念的历史研究却是困难的。我们对于统计概念的历史研究需要追溯到概念的起源，但了解这些概念的历史发展过程却是很困难的。因此，我们尽量寻找一些对课堂教学具有启示意义的历史材料来设计教学活动，从而把历史融入统计教学。

本章主要研究平均数、中位数和众数概念的历史（吴骏和黄青云，2013）。

5.1 平 均 数

直到 19 世纪，平均数才作为一个统计概念正式出现。在代表性方面，平均数有很多教学的层次，历史的分析能够帮助我们识别这些层次。

5.1.1 利用平均数估计大数

在历史上，平均数最早是用来估计大数的。下面呈现的几个例子说明了平均数发展的萌芽阶段。

例 1：公元 4 世纪，在古印度有一个估计树枝上树叶和果实数目的故事：一棵枝叶茂盛的大树长有两条大的树枝，儒帕玛（Rtuparna）需要估计这两条树枝上树叶和果实的数目。他首先估计了根部的一条细枝上树叶和果实的数目，然后乘以树枝上所有细枝的数目，得到估计值为 2095。经过一夜的计数，证明儒帕玛的估计十分接近实际的数目（Bakker，2003，2004，2006）。

在这个例子中，尽管我们不能确定儒帕玛是如何选择细枝的，但可以猜想他可能选择了一条能反映树枝平均大小的细枝，由此得到了恰当的估计。平均大小的细枝具有代表性，这可能是算术平均数的直觉使用，因为所选的细枝代表了其余的所有细枝，其数量处于“中间”位置，应该不是太多，也不可能太少，否则所得总数将会变得太大或太小。用现代术语来说，选择枝条的一个代表值 x_i ，再乘以枝条的数目 $\overline{x}$ ，得到总数 $\sum_{i=1}^{n}\left(\overline{x}-x_i\right)=0$ ，其中 x_i 是枝条上的树叶和果实数。

例 2： 多个世纪以后，格拉特（John Graunt）和拉普拉斯（Laplace）采用类似的方法分别估计了伦敦和法国的人口总数，而且他们明确使用了抽样的方法，可信程度也比例 1 更高。

格拉特选取一个人口不太稠密，也不太分散的教区，他有确切的信息知道，在这个教区，每年每 11 个人中有 3 人死亡，他估计平均每个家庭有 8 个成员，同时，他也知道伦敦每年有 13 000 人举行葬礼，因此，总人口可表示为 $13000\times11\times\frac{8}{3}$，即可以估计出伦敦大约有 382 000 个居民。

拉普拉斯估计了法国的总人数。他首先知道了全国出生注册的人口总数，再选择一个教区，获得了这些人员的出生总数，并统计了这个教区的总人数。这样，可以假设全国出生人数和总人数的比率近似等于教区出生的人数和这个教区总人数的比率，因而可以近似求出全国的总人数（Bakker，2004）。

例 3： 在古代埃及，从第一个国王算起，已经有 341 代了，每一代有一个国王和一个高僧。现在把每 3 代估计为 100 年，则 300 代算作 10 000 年，剩余的 41 代算作 1340 年。因此，可以得到古埃及的历史大约有 11 340 年（Bakker，2006）。

这个例子中，统计的关注点是把 3 代估计为 100 年。这种假设用来计算从第一个国王到最后一个国王之间经过了多少年的问题。当然，3 代并不总是等于 100 年，有时候会比 100 年多一点，有时候会少一点，但误差几乎是可以相互抵消的。

例 4： 很久以前，硬币是由黄金和银子做成的，与黄金和银子具有相同的价值。 12—18 世纪，英国皇家制币厂在制造硬币时，制造商就需要对硬币的质量进行检查：黄金和银子的使用量既不能太多也不能太少，即需要检验硬币的重量和纯度是否达到规定的标准。但由于硬币太多，把每枚硬币都称重是不可能的。

当时的英国皇家制币厂是这样来检验硬币质量的：他们做了一个货币检查箱，每天把生产的硬币随机拿出一枚放到货币检查箱里。1个月后，打开货币检查箱，取出硬币，把这些硬币称重，并把这些硬币熔化以检验黄金和银子的纯度，最后计算出一枚硬币的平均重量和平均纯度，看是否达到规定的标准，由此来检验这个月生产硬币的质量。如果事实证明这些硬币的质量很好，则国王就会举办晚宴来庆贺；如果质量不合格，制币者就会受到国王的惩罚（Bakker，2004）。

用一枚硬币的重量和纯度来估计一批硬币的重量和纯度，体现了抽样和样本平均数估计总体平均数的思想。

5.1.2 中点值是算术平均数的前概念

算术平均数的前概念可能是中点值，即两个极值的算术平均数。9—11世纪，中点值在阿拉伯人的天文、冶金和航海中有被广泛应用。布拉厄（Tycho Brahe）似乎是第一个使用中点值来减少误差的人。

托勒密（Ptolemy）在《天文学大成》中有记载，他连续几年不断观察至日时太阳到子午线上天顶的距离，每次他都求出了两个至日之间的弧长度，这些值超过47°40′而小于47°45′。在当时，取最大值和最小值的平均数是一条法则。因此，托勒密取这两个值的平均数为47°42′30″，它的一半是23°51′15″，但他在制作磁罗盘时所用的磁偏角是23°51′20″（Eisenhart，1974）。

在《伯罗奔尼撒人战争的历史》一书中，讲述了一个雅典指挥官修昔底德（Thucydides）利用中点值计算船员人数的故事：公元前400年，荷马（Homer）给了1200条船，有两种船，分别有120名船员和50名船员。它的意思是，各种船中船员的最大数目是120人，最小数目50人，因此可以取最大数目和最小数目的平均数作为每条船上船员的平均人数，以此估算出全体船员的人数。

直到16世纪，算术平均数才被推广到n个数的情形：$a=\frac{1}{n}\sum x_i$。斯蒂文（Stevin）在1585年发明的小数为这种计算提供了便利。对天文学家而言，使用多个观测值的平均数是很有用的，如估计行星的位置和月球的直径等，能把误差降低到一个相对较小的程度。

从现代的观点来看，中点值不是一个很有用的平均数，因为它对极端值太敏感。但学生在学习平均数时，可能会使用中点值作为求平均数的初始方法，因而应该把中点值的教学作为理解平均数的最初策略。

5.1.3　古希腊几何中的平均数

在古希腊数学中，已经清楚地使用了平均数。亚里士多德（Aristotle）定义了平均数的哲学形式，即“平均相对于我们”。他认为，平均数是既不能太多也不能太少的一个数量。可以表述为：当且仅当 $b-a=c-b$ 时，a 和 c 中间的数 b 称为算术平均数。例如，10 太多，而 2 太少，由于 6−2=10−6，因此 6 是 2 和 10 的平均数。这个定义不同于现代平均数的定义形式：$\frac{a+c}{2}$。前者是介于两个极值之间，而且难以概括；后者突出了计算，并且容易推广。在希腊几何中，数的大小用线条来表示（图 5-1），最长的线条长度为 10，最短的线条长度为 2，中间线条的长度为 6，其中最长的线条补偿了最短的线条，数的线条表征直观地显示了平均数介于两个极值之间。

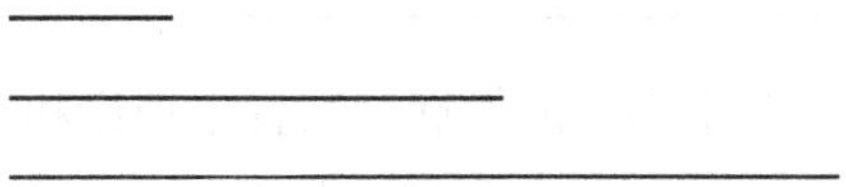

图 5-1　希腊几何中数的线条表征

在希腊数学中，算数平均数并不是唯一的平均数。在毕达哥拉斯时代，大约公元前 500 年，有 3 个平均数是大家知道的，即调和平均数、几何平均数和算术平均数。在这之后 200 年左右，随着比例理论的发展，在这 3 个平均数的基础上，又增加了 8 个不同的平均数（Heath，1981），尼各马科斯（Nicomachus）和帕普斯（Pappus）描述了这些平均数，设 $a>b>c$，表 5-1 第三列的公式显示了各种平均数。

表 5-1　尼各马科斯和帕普斯的平均数计算公式

尼各马科斯的序号	帕普斯的序号	公式	等价形式
1	1	$\frac{a-b}{b-c}=\frac{a}{a}=\frac{b}{b}=\frac{c}{c}$	$a+c=2b$
2	2	$\frac{a-b}{b-c}=\frac{a}{b}\left[=\frac{b}{c}\right]$	$ac=b^2$
3	3	$\frac{a-b}{b-c}=\frac{a}{c}$	$\frac{1}{a}+\frac{1}{c}=\frac{2}{b}$
4	4	$\frac{a-b}{b-c}=\frac{c}{a}$	$\frac{a^2+c^2}{a+c}=b$
5	5	$\frac{a-b}{b-c}=\frac{c}{b}$	$a=b+c-\frac{c^2}{b}$

续表

尼各马科斯的序号	帕普斯的序号	公式	等价形式
6	6	$\frac{a-b}{b-c}=\frac{b}{a}$	$c=a+b-\frac{a^2}{b}$
7	—	$\frac{a-c}{b-c}=\frac{a}{c}$	$c^2=2ac-ab$
8	9	$\frac{a-c}{a-b}=\frac{a}{c}$	$a^2+c^2=a(b+c)$
9	10	$\frac{a-c}{b-c}=\frac{b}{c}$	$b^2+c^2=c(a+b)$
10	7	$\frac{a-c}{a-b}=\frac{b}{c}$	$a=b+c$
—	8	$\frac{a-c}{a-b}=\frac{a}{b}$	$a^2=2ab-bc$

有研究表明，前面 3 个平均数的发展是与音乐理论和几何有关的。首先，我们考虑一根弦上音乐的比例 6∶8∶9∶12。其中 6∶8=9∶12 是一个音程，称为第 4 音程，6∶9=8∶12 是第 5 音程，6∶12 是一个八度音。这些比例形成了和谐的音程。而且，8 是 6 和 12 的调和平均数，9 是它们的算术平均数。其次，有一个几何中的例子，即帕普斯定理，显示了平均数在几何中的优美性（图 5-2）。假设在半圆 ADC 中，O 是圆心，$DB\perp AC$，且 $BF\perp DO$，则 DO 是算术平均数，DB 是几何平均数，DF 是 AB 和 BC 的调和平均数。

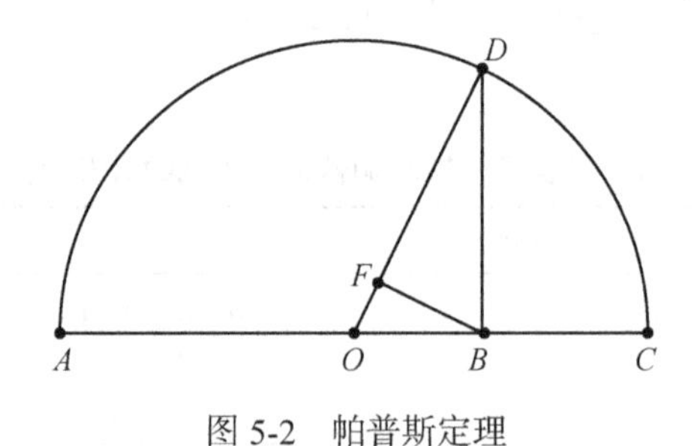

图 5-2　帕普斯定理

5.1.4　我国古代数学文献中的平均数

我国古代文献中也提到了平均数的计算，即所谓的“平分术”，意为求几个分数的平均数的方法。刘徽在《九章算术》注中提出了平分术：母互乘子，副并为平实，母相乘为法。以列数乘未并者各自为列实。亦以列数乘法，以平实减列实，余，约之为所减。并所减以益于少，以法命平实，各得其平（郭书春，2009）。平分是当各分数参差不齐时，想使它们齐等，减去分数所多的部分，增益分数所少的部分。

《九章算术》方田章有 2 道题目，第 1 题为：今有三分之一，三分之二，四分之三。问：减多益少，各几何而平？答曰：减四分之三者二，三分之二者一，并，以益三分之一，而各平于十二分之七。

第 2 题为：又有二分之一，三分之二，四分之三。问：减多益少，各几何而平？答曰：减三分之二者一，四分之三者四，并，以益二分之一，而各平于三十六分之二十三。

根据术文，第一题算法是：3 个分数$\frac{1}{3}$、$\frac{2}{3}$、$\frac{3}{4}$，分母互乘分子，分别为$1\times3\times4=12$，$2\times3\times4=24$，$3\times3\times3=27$。将它们相加，得 12+24+27=63，作为平实。分母相乘，$3\times3\times4=36$，作为法。以分母的个数即列数 3 乘以相加前的数 12、24、27，分别得 36、72、81，作为列实。又以列数 3 乘以法 36，得 108。列式中 72、81 分别减去平实 63，得到余数 9、18，再与法 108 相约，分别得$\frac{9}{108}=\frac{1}{12}$，$\frac{18}{108}=\frac{2}{12}$。于是，从$\frac{3}{4}$中减去$\frac{2}{12}$，从$\frac{2}{3}$中减去$\frac{1}{12}$，将$\frac{2}{12}$与$\frac{1}{12}$相加，得$\frac{3}{12}$，加到$\frac{1}{3}$上，得到它们的平均值$\frac{7}{12}$。或以法 108 与平实 63 命名一个分数，$\frac{63}{108}=\frac{7}{12}$就是它们的平均值。第二题的算法类似第一题。

《算学宝鉴》中提出了平分术的口诀：

平分之法要知情，母互乘儿并则平。
人数另还乘未并，与乘加减便均停。
连乘众母乘人数，以此多为分母称。
分母命诸加减数，算工知此艺精明。

此类新题：甲乙二人均丝相等，甲出五分斤之四，乙出四分斤之三。问：孰贴几何而平？

答曰：乙贴甲四十（八）分斤之一，即九铢六絫。

通变新题：假令三人均粟相等，且云甲出八斗九分斗之八，乙出七斗七分斗之一，丙出六斗三分斗之二。问：孰贴几何而平？

答曰：甲多出一斗一百八十九分斗之六十一。乙贴甲一百八十九分斗之八十；丙贴甲一百八十九分斗之一百七十。各平于（一）[七]斗一百八十九分斗之一百七（十）。

新题：假令一父所生四子，甲有私粟三十三石三分石之[一]，乙有私粟二十五石七分石之五，丙有私粟一十四石九分石之四，丁并无私粟。其父欲令均之，问：各损益几何而平？

答曰：损甲一十四石三百七十八分石之三百六十三；损乙七石三百七十八分石之一百二十九；益丙三石三百七十八分石之三百五十一；丁得一十八石三百七十八分石之一百四十一（刘五然等，2008）。

5.1.5 古印度数学文献中的平均数

婆什迦罗在《莉拉沃蒂》一书中，计算沟渠的体积时用到平均数（婆什迦罗，2008：156）。沟渠的计算法则为：在多位置测量宽度，以测量位置之数除其和，为宽之平均值。长与深亦同样。平面果（面积）乘以深，即沟渠之立方hasta（古印度长度单位）数。

这就是说，在 n 个地方测量的值分别为 $a_1,a_2,a_3,\cdots,a_n$ ，它们的平均值 $\overline{a}=\frac{1}{n}\sum_{i=1}^{n}a_i$ 。沟渠内侧面有凹凸的场合，长、宽、深分别取平均值。由长和宽相乘得到的平面果，再乘以深，即得沟渠的立体果（体积）。

例 1： 由于某沟渠边拐曲，如图 5-3 所示，从三处测量，长为 10、11、12 hasta，宽为 5、6、7 hasta。又深为 2、3、4 hasta，朋友啊，请告诉我，此沟渠之立方 hasta 为几何？（图 5-3）

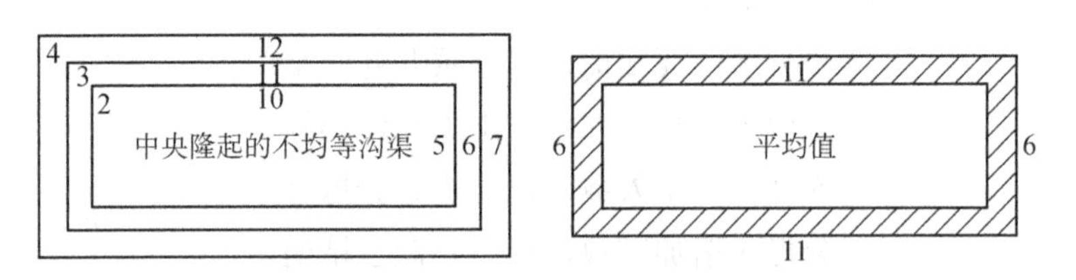

图 5-3　不均等沟渠测量示意图

这里若取平均值，则长、宽和深分别为 11 hasta、6 hasta 和 3 hasta，故平均体积为：11×6×3=198 立方 hasta。

关于其他沟渠的计算法则：由口与底及其（口与底之宽及长）和产生的平面果之和，除以 6，即平均平面果，再乘以深，即密立体果（呈方台体的沟渠的容积）。

也就是说，方台体沟渠的体积，口的长与宽分别是 a 和 b ，底的长与宽分别

是 c 和 d ，深为 h ，如图 5-4 所示。这时平均的平面果 S_0 及立体果 V 分别是：$S_0=\frac{1}{6}\left[ab+cd+(a+c)(b+d)\right]$ 和 $V=hS_0$。

均等沟渠果的 1/3 为同口同深之针状沟渠果。针状沟渠，即锥体。若均等沟渠之果为 V，则针状沟渠之果是 $V'=\frac{1}{3}V$。

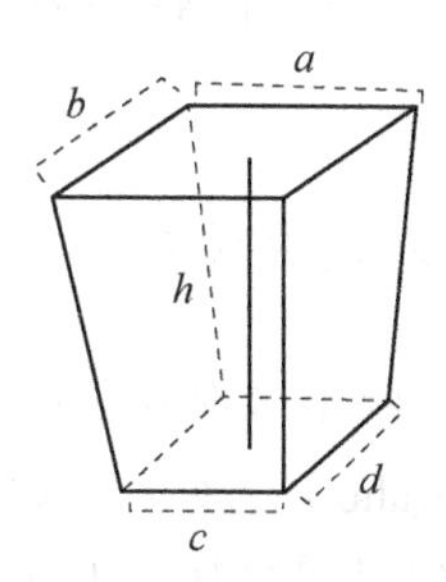

图 5-4　方台体沟渠测量示意图

例 2：某储水池之宽与长，在口为 10、12 hasta，在底为其一半。又深为 7 hasta。朋友啊，请说出此储水池沟渠之立方 hasta 数为几何？

根据上述公式，可得储水池的体积为：$V=\frac{7}{6}[10\times12+5\times6+(10+5)\times(12+6)]=490$ 立方 hasta。

从上述的沟渠法则及其例子中，我们看出，古印度人为了计算沟渠的体积，采用多处测量沟渠的长、宽和深，并求出其平均数的方法，以得到更加准确的沟渠体积，这与古天文学中对观测数据取平均数以减小误差的方法有异曲同工之妙。

5.1.6　平均数的公平分享

平均数还起源于贸易、保险和海事法案背景中的公平分享。公元前 1000 年，地中海的航海贸易就已经存在。在遭遇暴风雨袭击时，小船需要扔掉一些超重的货物，以避免翻船或保全其余的货物，这种行为称为“抛弃货物”。从公元前 700 年开始，商人和船主就认为货物和轮船的损失应该由他们共同平等地分担。这种做法已经成了惯例，并写进了罗马法律，其中一项条款是：为了减轻船体的重量，必须扔掉超重的货物，这个损失应该由货主共同分担。

对于在具体情景中如何处理，如“应该按照什么比例进行补偿”的问题，罗马法案规定：应该把保存下来和已经丢弃的货物按照价值进行平均分配。对于损失的货物，应该计算其购买价格，对于保存下来的货物，应该估计其销售价格。如果货物的价格不好确定，那么公平分配的计算就会变得很复杂。当时，这种平均数的计算由“海损调解员”（average adjuster）来负责，这是一种严肃的会计职业，19世纪和20世纪初，英国甚至还成立了“海损调解员协会”。

平均数在海事法案中指在通常的事故中，平等分配财产损失，即把每个成员的一系列不等量的财产累加起来，再进行平均分配，让他们获得共同的或平均的数量。

5.1.7 多次测量取平均数可以减少误差

对观测数据取平均数以减小误差这种方法在天文学中得到了发展。16世纪末期，第谷·布拉赫（Tycho Brahe）把对一个数量重复观测和把观测数据分组的技巧引入科学方法。他用6年时间对某一天文量进行重复观测得到一组观测值。他先从1582年的观测值中挑选了3个数据，再把1582—1588年的24个观测值，两个一组，求出平均数，得到12个数据（表5-2）。最后，布拉赫求出这15个数据的平均数作为真实值的估计值（Plackett，1970）。由此可知，布拉赫使用算术平均数来消除系统误差。

表5-2 布拉赫对某一天文量的观测数据

时间	观测值	平均值
1582年2月26日		26°0′44″
1582年3月20日		26°0′32″
1582年4月3日		26°0′30″
1582年2月27日	26°4′16″	26°0′20″
1585年9月21日	25°56′23″	
1582年3月5日	25°56′33″	26°0′38″
1585年9月14日	25°4′43″	
1582年3月5日	25°59′15″	26°0′18″
1585年9月15日	26°1′21″	
1582年3月9日	25°59′49″	26°0′32″
1585年9月15日	21°1′16″	
1586年9月26日	25°54′51″	26°0′42″
1588年9月15日	26°6′32″	
1586年9月27日	25°52′22″	26°0′37″
1588年11月29日	26°8′52″	

续表

时间	观测值	平均值
1587 年 1 月 9 日	26°2′5″	26°0′27″
1588 年 9 月 6 日	25°58′49″	
1587 年 1 月 24 日	26°6′44″	26°0′29″
1588 年 10 月 26 日	25°54′13″	
1587 年 8 月 17 日	26°5′40″	26°0′14″
1588 年 4 月 16 日	25°54′48″	
1587 年 8 月 17 日	26°1′1″	26°0′4″
1588 年 4 月 16 日	25°59′6″	
1587 年 8 月 18 日	25°54′35″	26°0′28″
1588 年 3 月 28 日	26°6′20″	
1587 年 8 月 18 日	25°54′49″	26°0′39″
1588 年 4 月 16 日	26°6′30″	

辛普森（Thomas Simpson）于 1755 年向皇家学会宣读的《在应用天文学中取若干个观测值的平均数的好处》文章中指出，在天文学界，取算术平均数的做法并没有被多数人接受。他认为，当有多个观测值时，应选择其中那个“谨慎地观测”所得的值，认为这比平均数可靠。辛普森试图证明，若以观测值的平均数估计真值，误差将比单个观测值要小，且随着观测次数的增加误差进一步减小。辛普森通过一种极特殊的误差分布证明了其结论。他假定在一次天文测量中以秒来度量的误差只能取 0、±1、±2、±3、±4、±5 这 11 个值，取这些值的概率则以在 0 处最大，然后在两边按比例下降，直到±6 处为 0，即 $P\{x=i\}=\left(6-|i|\right)r$，$i=0, \pm 1, \pm 2, \cdots, \pm 5$。其中，$r=\frac{1}{36}$。

根据所给的分布，可算出单个误差不超过 1 秒的概率为 $\frac{16}{36}\approx 0.444$，不超过 2 秒的概率是 $\frac{24}{36}\approx 0.667$。为比较起见，他又计算出 6 个误差的平均值不超过 1 秒的概率是 0.725，不超过 2 秒的概率是 0.967。可见，平均数的估计优于单个值。这个结果可视为第一次在一个特定情况下严格从概率角度证明了算术平均数的优良性（陈希孺，2002）。

1809 年，高斯（C. F. Gauss）在其数学和天体力学的名著《天体运动理论》中写道：如果在相同的条件下，观测者具有同样的认真程度，那么，任何一个观测对象多次观测值的算术平均数，提供了这个观测对象最可能的取值，即使不是太严格，但至少十分接近，使得它总是一个最安全的取值。

现在，人们已经习惯把高斯的这个观点当作一个公理。在学生理解平均数的过程中，重复测量可能是一个有用的教学活动。此外，重复测量这种方法也被广泛运用于物理和数学的其他分支。反之，历史和物理可以为引入平均数概念提供有益的帮助（Tzanakis and Kourkoulos，2004）。

5.1.8 平均数不一定具有实际意义

19 世纪以前，历史上使用的平均数是用来估计真实值的，如估计大数问题、在天文学和测地学中利用平均数减小误差等。在这些例子中，取平均数是作为一种方法出现的。然而，平均数作为总体的一个代表值或代替值却经历了很多年的发展。1831 年，魁特奈特（A. Quetelet）提出了“平均人”（average man）的概念，这是他虚拟的一个人（Stigler，1999）。“平均人”定义为这样一个人：他在一切重要指标上都具有某群体中一切个体相应指标的平均值。这种人在现实中不存在，但给予人真实的感觉，因为的确有接近这种状况的典型。魁特奈特是首次使用平均数作为总体某一个方面代表值的科学家，这种从真实值到统计意义下代表值的转换是一个重要的观念性改变。在他汇编的统计资料中，不仅涵盖个体的身高、体重这些物理特征，还包括伦理特征，如犯罪倾向、酗酒倾向等。由此他提出可以建立在给定时间、给定社会中的代表性人物这种概念，即“平均人”。当然，按不同年龄、不同国家和不同阶级，可以将其分为不同的平均男人或平均女人。使用“平均人”的目的是理顺人们在社会中存在的各种差异，并在某种程度上归纳出社会的正常规律，即一种“社会物理学”。

平均数不一定等同于给出数据集合中的某个数据，尽管给出的数据都是整数，但平均数可能是一个在现实情景中没有意义的小数。如对“平均每个人每天看 1.5 小时电视和平均每个家庭有 2.5 个人”的理解，显然，这是两个不同的情景，半小时是存在的，而半个人却不存在。

5.2 中 位 数

在对称分布中，不需要区分平均数和中位数，但对于一个偏态分布，二者是不相同的。中位数历史现象的研究能够帮助我们理解为什么中位数的学习是困难的，以及提供克服这些困难的历史素材。

5.2.1　中位数与误差理论

中位数使用的一个重要理论背景是误差理论。

第一个可能使用中位数的例子是赖特（E. Wright）给出的，他描述了用指南针确定位置的方法。在海上航行，指南针是一个重要的航海工具，可以用来确定轮船在海上的位置。但由于海浪的影响，指南针在轮船甲板上得到的观测数据会发生很大变化，尽可能做到精确是很重要的。可以把指南针得到的观测值列成表格，在各种不同的数据中，位于最中间位置的数据是最可能接近真实值的数据。遗憾的是，赖特没有给出任何数据的运用，因此，不可能确信他使用了中位数，然而他在文中写道"一个又一个的数据被拒绝了"（转引自 Eisenhart，1974），这说明他可能采用了最中间的观测值，即中位数。

一个更清晰地使用了中位数的例子出现在波斯科维奇（R. Boscovich）的工作中。18 世纪后期，在勒让德（A. M. Legendre）发明最小二乘法之前，人们对天文学和测地学中观测误差数据的处理已经有一些重要的工作。曾经一度流行的方法是由所要寻找的估计值和测量的观测误差值建立方程，根据一个方程解一个未知数的道理组合出未知数个数与方程个数相等的方程组，总方程组的系统比原始方程的系统更稳定，最后求出这样一个总方程组的解，得到真值的估计值。大约在 1755 年，波斯科维奇在研究地球真实形状的有关问题时才指出这种方法的不足，并清晰地运用了中位数（Eisenhart，1977）。他对一组观测值的最佳拟合直线方程附加了一个约束条件：绝对误差之和最小。简单说，就是对于一组观测数据 x_i，使 $\sum|x_i - a|$ 达到最小的 α 是这组数据的中位数。

勒让德不是致力于找出几个方程再去求解，而是考虑误差在整体上的平衡，即不使误差过分集中在几个方程内，而是让它们比较均匀地分布于各个方程。勒让德认为："赋予误差的平方和为极小，则意味着在这些误差间建立了一种均衡性，它阻止了极端情形所施加的过分影响，这非常好地适用于揭示最接近真实情形的系统状态"（Stigler，1986）。1805 年，勒让德发明最小二乘法。算术平均数是对最小二乘法最简单的解释，即对于一组观测数据 x_i，使 $\sum(x_i - a)^2$ 达到最小的 a 是这组数据的算术平均数。

5.2.2　中位数与概率分布

中位数出现的另外一个重要理论背景是概率理论。1843 年，古诺（Cournot）

定义了中位数的取值，即在分布函数 $F(x)$ 中，使得 $F(x_0)=\frac{1}{2}$ 的 x_0 是中位数，他解释这个值使概率分布图中左边的面积等于右边的面积（图 5-5）。G'是中位数，曲线 ab 下方，$G'g'$ 左边的面积等于右边的面积（Bakker，2004）。

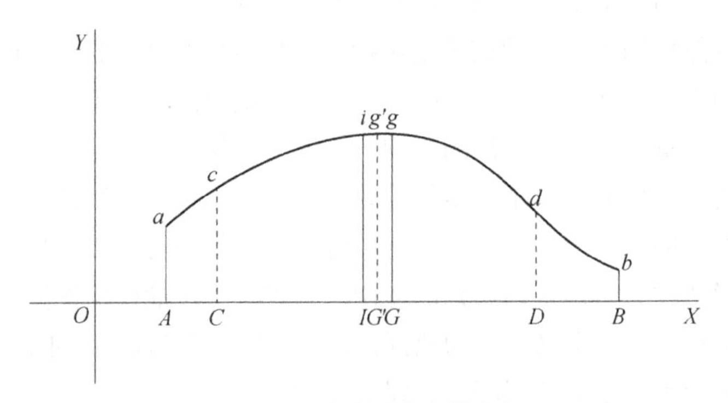

图 5-5　古诺的偏态分布

1874 年，费歇尔（G. T. Fechner）借助天文学中行之有效的方法，使用中位数来描述社会和心理现象。1882 年，高尔顿（F. Galton）第一次使用“中位数”这个术语，取得了观念上的突破。与数学和统计历史经常发生的情况一样，高尔顿在使用这个术语之前就已经知道了这个概念，但当时他使用其他的术语，如“最中间的值”“中等的”等。1874 年，他在一次演讲中给出了一个描述：一个占据中间位置的物体具有这样的性质，即比它多的物体的数目等于比它少的物体的数目。由于高尔顿研究的大多数现象几乎是对称的，所以中位数和平均数没有太大的区别。1875 年，他在正态分布图中指出了中位数 m，四分位数 p 和 q，以及分数$\frac{1}{2}$、$\frac{1}{4}$、$\frac{3}{4}$，但没有对此进行命名（图 5-6）（Bakker，2004）。

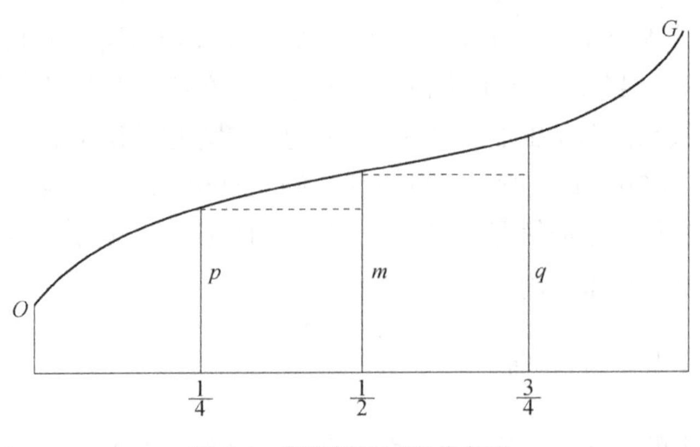

图 5-6　高尔顿的正态分布图

5.2.3　中位数的稳健性

中位数能应用于有序数据中，还具有稳健性（稳健性用于描述对极端值的不敏感性）。在历史上，中位数几乎是作为平均数的代替品而出现的。中位数除了具有容易计算和直觉的清晰性特点之外，还有另外一个重要理由。高尔顿研究的变量，如智力和名誉背景下的数据处理，其测量是用顺序的方式。对于有序数据，无法计算其平均数，但却能确定中位数，在这种场合下人们往往使用中位数作为测量的工具。

最近几个世纪，科学家已经关注到了平均数对于极端值的敏感性，提出了一些不同的处理方法，如修剪平均数、加权平均数、平均不同的平均数等。与高尔顿同时代的埃其渥斯（F. Y. Edgeworth）发现了平均数对极端值的敏感性，而中位数比平均数更稳健，因此选择了中位数代替平均数。这可能源于埃其渥斯对经济学的兴趣，而经济学中大多是一些不规则的数据，呈现偏态分布。现在，中位数对极端值的不敏感性是它被使用的主要原因。随着统计学被运用到越来越多的不规则数据中，中位数的使用受到普遍欢迎。

平均数的应用历史已经很长，但中位数却是一个相对较新的概念。学生对中位数的理解比平均数更困难，但理解中位数的困难往往被人们忽视。大多数学生还没有发展偏态分布的意识，而这正是使用平均数和中位数的关键所在（Zawojewski and Shaughnessy，2000b）。

5.3　众　　数

5.3.1　众数表示重复计数中的正确值

相对来说，众数容易理解，它的历史也比较简单。第一个使用众数的例子，可能出现在雅典和斯巴达战争时期。

在公元前 428 年的冬天，普拉铁阿人被伯罗奔尼撒人和皮奥夏人包围。不久，他们开始出现粮食短缺，处于绝望之中。由于从雅典人那里获得援助已经没有希望，也没有其他安全突围的方法，于是他们和被包围的一些雅典人计划弃城而去。他们打算做梯子翻过城墙，希望杀出一条血路。梯子的高度要与城墙的高度一样，为此，可以通过数城墙上砖块的层数来计算城墙的高度（图 5-7）。在相同的时间，很多人数了砖块的层数，有些可能数错了，大多数人可能得到了真实的数目，特别是那些距离城墙不太远能看清城墙的人多次数的结果最接近真实值。他们再猜测出一块砖的厚度，从而计算出梯子的高度（Bakker，2004）。

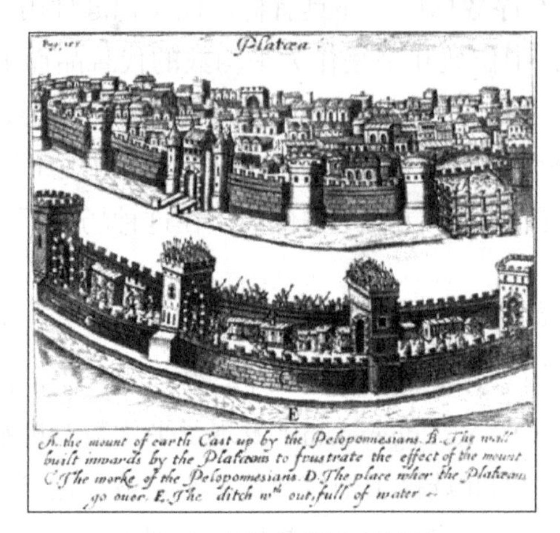

图 5-7　普拉铁阿人的城墙

在这个例子中已经使用“众数”的概念。在这个例子的情境中，很多人去数城墙砖块的层数，也就是对砖块进行重复计数，出现频率最高的值就是正确的。在这里，众数意指“大多数”，也就是最常出现的那个数，但不一定超过一半。

5.3.2　众数是非数字类型数据集中趋势的代表

另外还有一个使用众数的例子，即关于选举的问题。在古希腊和意大利，选举机构存在了较长的时期。在原始的君主统治时期，往往通过一些聚会来记录他们的观点。随着政治的发展，这些国家已经建立政府行事采纳大多数人意愿的原则。根据它们的宪法规定，几乎每个重要法案都要通过正式的投票来决定。

5.4　本章小结

综上所述，历史现象学是对概念发展的分析，这些概念是与特定的历史现象相关的。个人学习过程和历史的发展有很多相似的地方，但也存在一些重要的差异。了解统计概念的历史发展有助于预测“再发现”的过程，这就要求教学设计者和教师从学生的角度出发，思考自己对这个概念的理解。以下是对教学现象学最有用的一些结果。

1）估计。估计大数是古代统计方法。我们可以把估计作为统计教学的出发

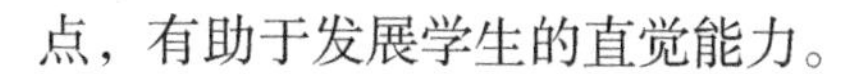

点，有助于发展学生的直觉能力。

2）减多益少。这是一种重要的思维方法，在教学中可以采用图示的方法培养学生的思维能力。

3）图形表征数据。它能帮助学生使用补偿策略来估计平均数，在实际运用中应结合教学纲要，采用直方图、条形图和扇形图等表示数据。

4）中点值。中点值可能是平均数的前概念，学生可能使用中点值作为求平均数的原始方法。

5）重复测量。多次测量取平均数可以减小计算平均数的误差。

6）平均数不一定具有实际意义。特别在一个不涉及实际情况的情景中更明显，如平均 14.72 人，这种情况的平均数学生更难理解。

7）中位数是平均数的代替品。中位数不易受极端值的影响，并且一个占据中间位置的物体具有这样的性质，即比它多的物体的数目等于比它少的物体的数目。

8）众数可以用来表示非数字类型的数据。在现实生活中，除了数字类型的数据，还有非数字类型的数字，这就要用众数来表示。

第 6 章

HPM 教学的数学活动

本章首先讨论从历史现象学向教学现象学转化的问题；其次，为了突出数学史融入数学教学的特点，本章不对每节的整个课堂教学设计进行分析，而主要分析数学活动案例的历史现象、教学设计和教学实践；再次，调查学生对数学史融入数学教学的看法；最后，对数学活动的特征做进一步分析。

6.1 从历史现象学到教学现象学

对学生来说，历史问题通常不是十分有趣的，这是历史现象和教学现象的一个主要差别。因此，如果一个教学设计者想要在教学中运用这些历史问题，而学生却不具备相应的历史背景知识，那么就需要把这些历史背景转化为现代背景。

历史发生和个人学习过程之间的差异还体现在现在的学生知道古人不知道一些知识，正如弗赖登塔尔所说，数学史是一个图式化不断演进的系统化的学习过程，儿童无须重蹈前人的历史，但他们也不可能从前人止步的地方开始。从某种意义上说，儿童应该重蹈历史，尽管不是实际发生的历史，而是倘若我们的祖先已经知道我们今天有幸知道的东西，将会发生的历史（转引自 Freudenthal，1981）。按照弗赖登塔尔的观点，学生应该遵循一个改进和改良的历史发展过程。例如，现在的学生都知道，平均数是日常生活中经常遇到的概念，如果严格遵循历史发生顺序，而不使用现代文化知识，将是对学生已有知识的一种浪费。

数学史融入数学教学的基础是数学史，但并不是研究数学史，而是选择相关的历史背景，使用现代的符号和术语来呈现历史。历史仅是提供有利于学生学习的素材，教学的目的不是讲授历史，而是寻找学生学习的最佳方式。因此，在实际教学中，需要遵循学生的认知发展规律，把历史现象学转化为教学现象学，采用自然的方式呈现所教的知识。

教学现象学的一个基本问题是把历史现象转化为对学生有意义的问题情景，

并创造一个特定概念需要的结构。根据第 4 章的浮现模型，第一，需要构建问题情景，学生在一定的背景之下处理统计概念；第二，指涉水平变成具有数学现实的普遍水平；第三，学生的概念理解达到形式化水平。在渐进的数学化过程中，浮现模型能够帮助学生从不正式的数学活动发展到正式的数学活动。

数学史融入数学教学涉及材料的使用，这些材料可以分为 3 种类型：原始材料（对原始文献的摘录）、二手材料（叙述、解释和重构历史的课本）、教学材料（融入了历史发生的素材）。数学史学家，作为一种职业，对原始资料提供的信息感兴趣，他们写的二手材料有助于数学知识的发展。数学教师可能从原始文献和二手材料中受益，他们更欢迎第三类教学材料。在这三类材料中，教学材料可能是最为缺乏的。数学教师和数学教育工作者要采取个人工作或合作的方式去开发自己的教学材料，并使这些材料得到广泛应用（Tzanakis and Arcavi，2000）。

目前，国内常用的数学史融入数学教学的方式有 4 种。①附加式：展示有关的数学家图片、讲述逸闻趣事等，没有直接改变教学内容的实质；②复制式：直接采用历史上的数学问题、解法等；③顺应式：根据历史材料，编制数学问题，或在现代情景下使用与历史发生思想吻合的数学问题；④重构式：借鉴或重构知识的发生、发展历史（汪晓勤，2012）。其中，顺应式和重构式就是把历史现象学转化为教学现象学。

本章根据统计概念的历史现象，结合教材内容，运用以下方法设计统计概念教学的数学活动：①直接采用历史上的数学问题和解法；②根据历史材料编制数学问题；③在现代情境下，选用体现历史发生思想的数学问题。

6.2　数学活动的设计及其实践

6.2.1　平均数的起源（第 1 课时）

1. 利用平均数估计大数

历史现象。在历史上，平均数最早是用来估计大数的。古印度人估计大数的故事详见 60 页。

教学设计。【案例 1】某校八年级 50 名学生的数学测试成绩如下（总分：120 分），你能用较简单的方法估算出全班的总分吗？想一想，有哪些不同的方法？

112　86　106　84　100　105　98　102　94　107　87　99　94　94　99
98　120　98　95　80　92　100　96　115　111　104　95　108　111　50　104
60　98　97　93　102　98　112　112　99　92　102　93　84　94　94　100
90　84　85

设计说明。只有在学生发展代表性的思想之后，才教给他们平均数的计算方法，而不是让学生掌握了平均数的计算公式以后，再来理解平均数的代表性。本案例要求教师尽量启发学生寻找多种方法估计出全班的总分。

教学实践。在两个班的课堂上，学生的回答共出现以下几种方法。

1）把个位上的数字进行四舍五入，如 98 近似为 100，94 近似为 90，再把这些数乘以它们的个数，最后相加起来。

2）取最大数和最小数的平均数作为这组数据的代表，再乘以 50。

3）取这组数据的众数，再乘以 50。

4）取这组数据的中位数，再乘以 50。

5）以 100 为基准，把这些数都减去 100，得到一些正数和负数，把这些数相加之后再加上 100，最后乘以 50。

6）分段求平均数的方法。把学生的成绩分成不同的分数段，选取出现频数最多的 90—99 分数段，取其最大值和最小值的平均数 94.5，再乘以 50，得到的结果作为全班总分的估计值（表 6-1）。

表 6-1　分段求平均数

分数段	120	110—119	100—109	90—99	80—89	50—79
频数	1	6	12	22	7	2

从这些回答可以看出，学生都已经有了使用平均数、中位数和众数的直觉。两位教师在讲授案例 1 之后，给学生讲述了古印度人估计大数的故事，并指出，现在使用的方法（6）与故事中的方法比较接近。

2. 平均数的补偿性

历史现象。在古希腊，亚里士多德（图 6-1）给出了平均数的几何定义：当且仅当 $b-a=c-b$ 时，a 和 c 中间的数 b 称为算术平均数。他说，平均数既不能太多也不能太少，即比平均数大的数能够补偿比平均数小的数。

教学设计。【案例 2】我国古代伟大的数学家刘徽（图 6-2）所注的《九章算术》（图 6-3）方田章第 6 题：

1）今有三分之一，三分之二，四分之三。问：减多益少，各几何而平？

图 6-1　亚里士多德

图 6-2　刘徽

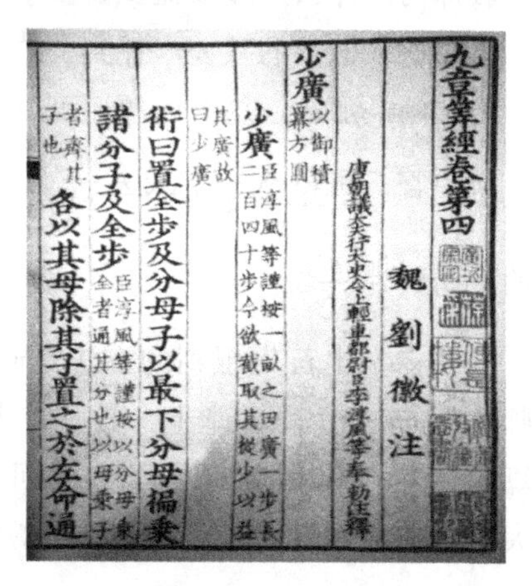

九章算經卷第四

魏劉徽注

唐朝議大夫行太史令上輕車都尉臣李淳風等奉勅注釋

少廣 以御積冪方圓

少廣 臣淳風等謹按一畝之田廣一步長二百四十步今欲截取其從少以益其廣故曰少廣

術曰置全步及分母子以最下分母徧乘諸分子及全步 臣淳風等謹按以分母乘全者通其分也以母乘子者齊其子也 各以其母除其子置之於左命通

图 6-3　武英殿聚珍版《九章算术》

2）又有二分之一，三分之二，四分之三。问：减多益少，各几何而平？

设计说明。本题让学生了解平均数的补偿性，领会“减多益少”的思想。

第一问译文（可让学生翻译）：假设有 $\frac{1}{3}$、$\frac{2}{3}$、$\frac{3}{4}$。问：减大的数，加到小的数上，各多少而得到它们的平均数？

原文答曰：减四分之三者二，三分之二者一，并，以益三分之一，而各平于十二分之七。也就是说，从 $\frac{3}{4}$ 减 $\frac{2}{12}$，从 $\frac{2}{3}$ 减 $\frac{1}{12}$，将 $\frac{2}{12}+\frac{1}{12}$ 加到 $\frac{1}{3}$ 上，故得到它们的平均数为 $\frac{7}{12}$。

第二问可留作学生课后练习。原文答曰：减三分之二者一，四分之三者四，并，以益二分之一，而各平于三十六分之二十三。也就是说，从$\frac{2}{3}$减去$\frac{1}{36}$，从$\frac{3}{4}$减去$\frac{4}{36}$，将它们相加，增益到$\frac{1}{2}$上，各得平均数是$\frac{23}{36}$。

教学实践。在Q老师教学的（4）班课堂上，学生经过讨论后，认为可以采用通分的方法，求出平均数。也就是说，$\frac{1}{3}$、$\frac{2}{3}$、$\frac{3}{4}$通分变成分母为12的分数$\frac{4}{12}$、$\frac{8}{12}$、$\frac{9}{12}$，其平均数为$\frac{4+8+9}{12}\div 3=\frac{7}{12}$，于是，从$\frac{8}{12}$中减去$\frac{1}{12}$，$\frac{9}{12}$中减去$\frac{2}{12}$，将$\frac{2}{12}+\frac{1}{12}$加到$\frac{1}{3}$上，得到它们的平均数为$\frac{7}{12}$。

似乎学生的回答只有这么一种方法。于是，

教师问：什么是减多益少？

学生答：把多的减去，补到少的上面。

教师问：那么，这个问题还可以采用什么方法？

学生答：可以从$\frac{2}{3}$中减去$\frac{1}{12}$，$\frac{3}{4}$中减去$\frac{2}{12}$，将$\frac{2}{12}+\frac{1}{12}$加到$\frac{1}{3}$上，得到它们的平均数为$\frac{7}{12}$。

可见，学生首先想到的方法是通分，而不是“减多益少”的方法。而在Y老师教学的（2）班课堂上，教师首先展示《九章算术》的图示，并问学生《九章算术注》的作者是谁。学生有的回答“祖冲之”，有的回答“张衡”，等等，学生大多不知道作者是谁。对于该计算题，该班学生的回答与（4）班有所不同，学生先把这三个数通分之后，得到$\frac{4}{12}$、$\frac{8}{12}$、$\frac{9}{12}$，但并没有去计算它们的平均数，而是认为后面两个数较大，可以从$\frac{8}{12}$中减去$\frac{1}{12}$，$\frac{9}{12}$中减去$\frac{2}{12}$，把二者加到$\frac{1}{3}$上，得到它们的平均数为$\frac{7}{12}$。在这个班级的教学中，学生并没有直接计算平均数。这个差异的产生，主要是Q老师在分析题意之后，让学生讨论它的解法，于是学生采用了求出平均数，再相加减的方法，而Y老师强调了题目中“减多益少”的方法，因而这个班学生得到了与《九章算术》一致的解法。

教学设计。【案例3】帽子平均数问题：一商店出售帽子，下图列出了该商店在前三个星期售出的帽子数。这家商店在第四个星期应该卖掉多少顶帽子，才能使售出帽子的平均数为7？

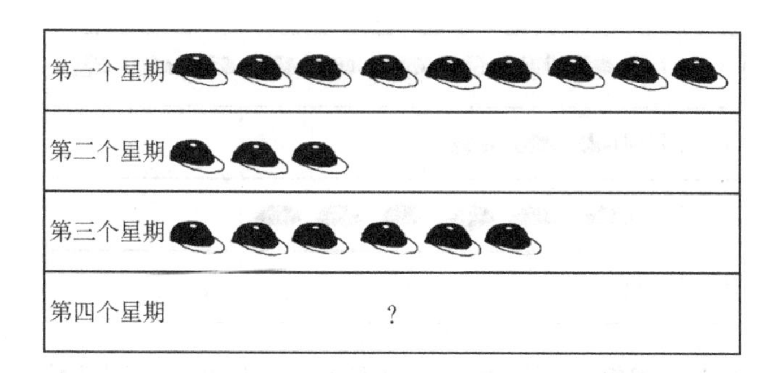

设计说明。该题是在案例 2 的基础上，考查学生如何借助于图形，直观地显现平均数的补偿性。学生可能采用平均数的公式计算，也可能用上题“减多益少”的方法。

教学实践。在 Q 老师的教学中，学生首先给出了以下两种解法。

1）由于卖出帽子的平均数为 7，因此这四周共卖出 28 顶帽子，再减去前三周卖出的帽子数，得到第四周卖出的帽子数，即 7×4−9−3−6=10。

2）设第四周卖出 x 顶帽子，则 $9+3+6+x=7\times4$，解出 x 为所求。

上述第一种方法是算术法，第二种方法是方程求解法。

教师问：如果不用上述方法，能否采用“减多益少”的方法从图示中直接得出答案？

于是，学生得到下面的一些解法。

3）前三周卖出的帽子与平均数 7 之差为（9−7）+（3−7）+（6−7）=−3，这表示还差 3 顶帽子，再加上第 4 个星期应该卖出的帽子数 7，即 3+7=10，为所求。

4）把第一周 9 顶帽子中的 2 顶移到第二周中，则第二、三和四周各差 2、1 和 7 顶帽子，因此第四周还需要卖出 2+1+7=10 顶帽子。

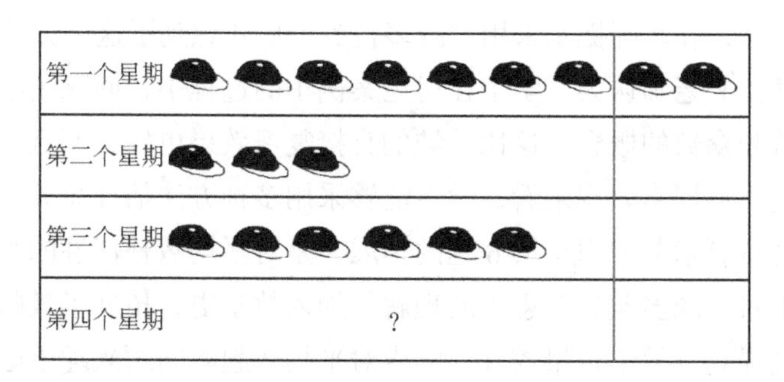

5）把第一周 9 顶帽子中的 3 顶移到第二周中，则前三周各差 1 顶帽子，再加上第四周差的 7 顶帽子，因此还需要卖出 10 顶帽子。

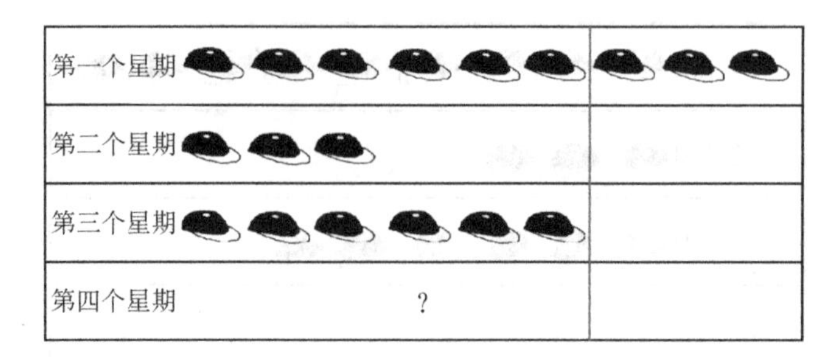

以上两个学生的回答分别以 7 和 6 顶帽子作为基准，采用“减多益少”的方法得到。下课之后，该班一名女生提出另外一种思路：

6）可以以 3 为基准，把第一周的帽子移动 3 顶到第四周，则这四周各差 1、4、1 和 4 顶帽子才能达到平均数，因此所求为 1+4+4+1=10 顶帽子。

第一个星期		
第二个星期		
第三个星期		
第四个星期		?

在 Y 老师的（2）班，由于教师在案例 2 强调了“减多益少”的策略，在该题的解答中，学生并没有出现（4）班学生的前两种方法，而是得到和第（4）种相同的方法。

蔡金法（2007）用帽子平均数问题对中美学生进行检测，发现中国学生更多地使用符号表征（算术的或代数的），而美国学生更多地使用言辞或图示表征。本章研究也表明，在 Q 老师的教学中，学生首先给出的是算术法和代数法，并没有给出图示法，在教师提示采用“减多益少”后才想到了这种方法。

教学反思。Y 老师认为，学生在讨论案例 1 的过程中，回顾了小学学习的平均数、中位数和众数的概念，这比单纯的直接复习效果更好，而且大大激发了学生的学习兴趣，从课堂表现来看，学生能够采用多种方法估计总分。帽子平均数问题是对《九章算术》方田章第 6 题的拓展，是对平均数补偿性的直观应用，有助于加深学生对“减多益少”思想的理解。加入数学史，拓展了教师的知识面，专业知识得到提高，教学效果较好。学生对平均数起源问题兴趣浓厚，回答问题积极主动。教师在今后教学中应该为学生创造更多机会，放手让学生去体验、归纳和总结。

Q 老师认为，本节课调动了学生的积极性，发挥了学生的主体作用，学生思维活跃，对所给的案例积极讨论，给出了多种解法。对于案例 1，在她所教授的（4）班学生给出了把学习成绩进行分段求平均数的方法，而 Y 老师教授的（2）班则没有出现这种方法。在帽子平均数问题中，（2）班的学生直接提出了“减多益少”的方法，而（4）班学生大多采用代数方法。

6.2.2　加权平均数

1. 加权平均数的引入（第 2 课时）

历史现象。1962 年夏天，瓦尔贝格（Varberg）为高中数学教师做了两个关于统计历史发展的演讲。他在第一个演讲中，通过 12 个人的身高和体重的例子引入加权平均数的概念（Varberg，1963）。下面的案例结合八年级学生的实际情况，对瓦尔贝格所举例子中的数据做了适当修改。

教学设计。【案例 4】表 6-2 是 12 个人的身高和体重的数值表，其中身高 X 以厘米为单位，体重 Y 以千克为单位。如何对这组数据进行分析呢？

表 6-2　12 人身高和体重的数据

编号	1	2	3	4	5	6	7	8	9	10	11	12
身高 X	152	170	174	163	155	170	173	180	165	155	165	178
体重 Y	60	64	70	62	60	62	64	70	62	60	62	70

设计说明。教师可以让学生回答自己的身高和体重的数据，选择其中部分数据作为分析对象，用表格的形式表示出来。该案例按照数据处理的基本步骤（收集数据、整理数据、描述数据和分析数据），循序渐进地引入加权平均数的概念。之后省略教材的例 1，直接讲例 2，进一步说明加权平均数。该案例的设计考虑到历史现象、教材顺序、逻辑结构和学生认知等方面之间的关系，从频数分布的平均数引入加权平均数，与教材顺序刚好相反，但这样从算术平均数到加权平均数的过渡更为自然，符合学生的认知发展规律，并在教学过程中渗透了历史发生的思想

教学实践。两个班的教学过程基本相同。

教师问：如何描述这组数据呢？

学生答：采用作图的方法。

教师问：我们目前学过作图的方法有哪些？

学生答：折线图、扇形图、条形图、直方图。

历史现象。使用了4个历史现象。

1）为了从总体上了解这组数据，可以用图形来表示。英国人普莱菲（William Playfair）被公认为将图形表征思想介绍到统计学的第一人。他的著作大多关于经济学，多采用图形如直方图、条形图表征（Varberg，1963）。

2）在希腊几何中，数的大小用线条来表示，最长的线条长度为10，最短的线条长度为2，中间线条的长度为6。

对于体重的数据，用频数分布图就能很清楚地表示出来，图6-4是瓦尔贝格所举例子中给出的线条图示，图6-5是我们给出的体重分布条形图。身高X的频数分布图也可以类似表示。

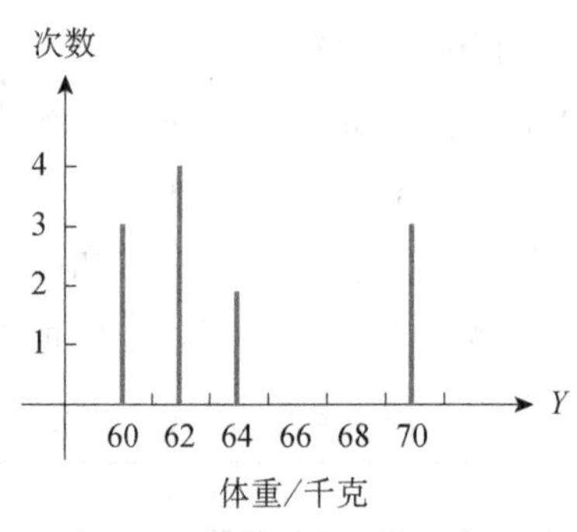

图6-4　体重分布线条图

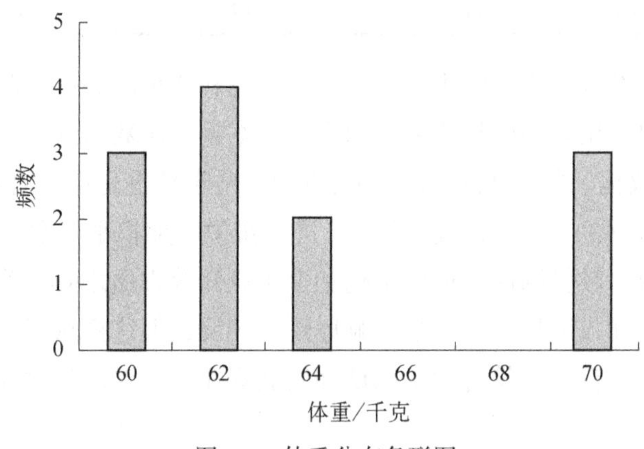

图6-5　体重分布条形图

虽然这类图形能够帮助我们从直觉上感知这些数据，但是如果想对这些数据有更进一步的了解，就必须用某些量来分析它们。在这类统计量中最重要的是对集中趋势的测量。

3）最早的集中趋势的测量实际上可追溯至古希腊。亚里士多德给出了平均数的几何定义：当且仅当 $b-a=c-b$ 时，a 和 c 中间的数 b 称为算术平均数。用现代术语表述即为 $b=\dfrac{a+c}{2}$。

4）19 世纪最重要的统计方法是最小二乘法。这个方法提供了被称为“观测组合”的工具，它是一种把对一个特殊事件的大量观测度量集合为一个单一的“最佳”结果的方式。观测组合的问题在 18 世纪被数学家讨论过，主要是关于天文观测的。在那些努力解决这个问题的人中，卡茨在他发表的一篇文章中简要地描述了他的思想：对各种观测值赋予加权后计算加权平均，这样做使得到的观测值更精确（卡茨，2004：585）。

教师问：你能求出这组数据的平均数吗？

学生答：把这些数据全部相加，再除以它们的个数。

这组数据的算术平均数为：

$$\frac{60+64+70+62+60+62+64+70+62+60+62+70}{12}\approx 63.83$$

教师问：观察上述体重分布的条形图，你能发现更简单的方法吗？

学生答：不必把每个数据一一相加，只要把相同的体重乘以频数就行。

我们把这个公式改写成：

$$\frac{60\times 3+62\times 4+64\times 2+70\times 3}{3+4+2+3}\approx 63.83$$

一般地，n 个观测值 x_i 的平均数可以表示为：

$$\overline{x}=\frac{1}{n}(x_1+x_2+x_3+\cdots+x_n)$$

为了表达这个公式中相同数据出现的次数，一般地，n 个观测值 x_i 的平均数可以表示为：

$$\overline{x}=\frac{1}{n}(x_1f_1+x_2f_2+x_3f_3+\cdots+x_kf_k)$$

其中，x_i 代表变量 X 的数值；f_i 是 x_i 出现的次数，且 $f_1+f_2+\cdots+f_k=n$。

教学反思。Y 老师认为：①先设计体重分布条形图，计算这组数据的算术平均数，再引入权、加权平均数，过渡自然，学生容易接受；②设计案例 4，加深学生对权、加权平均数的理解，特别是对权意义的理解；③今后教学中让学生体验和加强对加权平均数的应用。

Q 老师认为，自己以前按照教材顺序讲课，学生对“权”的感知有困难，现在以案例 4 引入，再讲教材中的例题，最后才引入加权平均数的概念，这种从特殊到一般的教学，符合学生的认知特点，教学效果比以前好很多。

两位教师认为，教材在耕地问题结束之后直接给出加权平均数的定义，学生对“权”的理解仍感到困难，现在做了层层铺垫，学生更容易理解。

2. 组中值的探究（第 3 课时）

历史现象。算术平均数的前概念可能是中点值，即两个极值的算术平均数。中点值在 9—11 世纪阿拉伯人的天文、冶金和航海中被广泛应用。在当时，取最大值和最小值的平均数是一条法则。在《伯罗奔尼撒人战争的历史》一书中，一个雅典指挥官 Thucydides 讲述了一个故事。

船员人数问题。荷马给了 1200 条船，船有两种，船上分别有 120 名船员和 50 名船员（详见 61 页）。

教学设计。【案例 5】探究公共汽车载客量问题。为了解 5 路公共汽车的运营情况，公交部门统计了某天 5 路公共汽车每个运行班次的载客量，得到下表。问：这天 5 路公共汽车平均每班的载客量是多少？见表 6-3。

表 6-3　某天 5 路公共汽车的载客量

载客量/人	组中值/人	频数/班次
$1\leqslant x<21$	11	3
$21\leqslant x<41$	31	5
$41\leqslant x<61$	51	20
$61\leqslant x<81$	71	22
$81\leqslant x<101$	91	18
$101\leqslant x<121$	111	15

教学中要让学生思考：例如，3 个班次落在 $1\leqslant x<21$ 的人数不确定，如何估计该组载客量的人数？

设计说明。教材中直接利用组中值作为各小组数据的代表，但没有说明原因。中点值是平均数的前概念，本题可以考查学生是否也将 $\frac{1+21}{2}$ 作为平均数的估计值。船员人数问题可以直接作为一个数学活动案例，也可以间接渗透到公共汽车载客量问题中。

教学实践。解决该问题的关键在于找出每组的载客人数，但由于每组只有载客人数的范围，而没有具体的数据，因而不能确定该组的载客人数。能否用一个数表示出它的估计值，作为该小组载客量的代表呢？

Y 老师在探究问题之前，首先引入了估算船员人数问题。学生对这个问题的回答有 3 种情形。

1）$\frac{1200\times120+1200\times50}{1200}$。

2）$\frac{1200\times120+1200\times50}{2}$。

3）$\frac{1200\times120+1200\times50}{120+50}$。

从这些回答可以看出，在不同背景下，学生对加权平均数的理解存在偏差。在第一种方法中，学生没有理解加权平均数公式中的频数，误以为 n=1200。第三种方法中，学生没有理解权重，机械地套用加权平均数公式。第二种方法利用中点值得到船员人数的估计值。

在了解了中点值可以作为一组数据的估计值后，Y 老师在探究公共汽车载客量的问题上就容易得多。

Q 老师没有直接讲述估算船员人数的问题，而是采用小组讨论的形式让学生自己找出落在某一区间上载客人数的估计值。下面是课堂对话。

教师：这个题目需要解决的问题是什么？

学生：这天 5 路公共汽车平均每班的载客量是多少？

教师：平均载客量与哪些因素有关？

学生：平均载客量与载客的总人数和班次有关。

教师：总班次如何确定？

学生：把频数加起来。

教师：如何求总载客人数？

学生：求出各个小组的人数，再把它们加起来。

教师：以第一小组为例，它表示什么意思？

学生：载客量为 $1\leqslant x<21$ 的班次出现了 3 次。

教师：能够确定这个小组的载客量吗？

学生：不能，这个区间只有范围，而没有具体的数字。

教师：能否用一个数表示出它的估计值，作为该小组载客量的代表。

（小组开始讨论）

教师：如何选出这个代表？

学生：求平均数。

教师：如何求平均数？

学生：取这个区间两个端点的平均数。

教师：能不能用中位数？

学生：不能，因为人数不确定，无法找到中位数。

教师：能不能用众数？

学生：不能，因为无法确定出现最多的人数。

教师：在第一组中，由于3个班次的人数不确定，$1 \leqslant x < 21$，因此无法求出该组数据的中位数和众数。可以用$\frac{1+21}{2}$作为这个小组载客量的估计值，称为组中值，这样就解决了该小组载客量的问题。

教学反思。Y老师认为，引入战争故事，让学生从分组讨论中引出组中值，为教学做铺垫，解决教学中突然以组中值代表各组实际数据的问题。这种方式过渡自然，易被学生接受，从而使学生理解组中值是平均数的最初概念。

Q老师认为，教材中的这个探究问题，组中值的出现很突然，学生无法理解，没有体现探究的特点。现在以船员人数问题为背景，引导学生自己发现组中值。以$1 \leqslant x < 21$小组为例，由于该组人数无法确定，如何计算该组载客量的人数，学生分组讨论，有以下方案：①找这个小组的中位数；②找这个小组的众数；③找最大值和最小值的平均数。在学生讨论的基础上，引导学生积极思考，发现只有第三种方法才是合适的，此时，教师再介绍组中值的概念。从上课效果来看，学生很喜欢此问题的设计，通过探究获得的知识比教师讲授更容易被学生掌握。课后反馈、作业完成效果很好。

3. 样本平均数估计总体平均数（第4课时）

历史现象。货币检查箱试验。现在的银硬币是由比较便宜的材料做成的，与以前的做法已经大不一样。很久以前，硬币是由黄金和银子做成的，与黄金和银子具有相同的价值。12—18世纪，英国皇家制币厂在制造硬币时，制造商就需要对硬币的质量进行检查：黄金和银子的使用量既不能太多也不能太少。但由于硬币太多，把每枚硬币都称重是不可能的。于是他们做了一个货币检查箱，每天把生产的硬币随机拿出一枚放到货币检查箱里。1个月后，打开货币检查箱，取出硬币，把这些硬币称重，并把这些硬币熔化以检验黄金和银子的纯度，最后计算出一枚硬币的平均重量和平均纯度，看是否达到规定的标准，由此来检验这个月生产硬币的质量。

教学设计。【案例6】直接利用上述历史现象设计教学。

设计说明。这个故事体现了抽样和用样本平均数估计总体平均数的思想。

教学实践。Y老师的教学表明，学生大多能回答用抽样的方法估计硬币的质量，如抽取 10 个、20 个、30 个硬币，求出这些硬币重量的平均数作为一枚硬币的平均重量，但对纯度的检验很少有学生能回答出来，这可能与学生还没有学习化学有关，没有想到熔化硬币的方法。因此，该案例在 Q 老师的教学中略去了纯度的检验部分。

教学反思。通过探究、交流与合作，设计检验硬币质量的方案，引出用样本估计总体的思想，开拓了学生思维，体现了集体智慧（吴骏和朱维宗，2015）。

6.2.3　中位数（第 5 课时）

历史现象。在历史上，中位数几乎是作为平均数的替代品而出现的。1874 年，费歇尔借助天文学中行之有效的方法，使用中位数来描述社会和心理现象。1882 年，高尔顿第一次使用“中位数”这个术语，取得了观念上的突破。由于高尔顿研究的大多数现象几乎都是对称的，所以中位数和平均数没有太大的区别。除了中位数容易计算和直观之外，高尔顿使用中位数还有另外一个原因。他研究的变量有一种是用次序测量的，确实，对于有序数据，无法计算其平均数，但却能确定中位数。与高尔顿同时代的埃其渥斯发现了平均数对极端值的敏感性，而中位数比平均数更稳健（稳健性用于描述对极端值的不敏感性），因此选择了中位数代替平均数。

第一个可能使用中位数的例子是赖特给出的，他描述了用指南针确定位置的方法（详见 71 页）。

教学设计。【案例 7】在汶川大地震的捐款活动中，某校八年级（1）班第 3 小组 11 名同学的捐款数如下（单位：元）：1、1、2、2、3、4、1、5、8、10、80。这组数据的平均数能比较客观地反映全班同学捐款的“平均水平”吗？

设计说明。在实际应用中，中位数还是被忽视，而平均数是受欢迎的。历史上一个微小的进步可能需要几个世纪的历史发展，这对学生来说可能也是困难的。因此，中位数的引入应该遵循历史发展顺序，采用一组带有极端值的不规则数据，引导学生论证中位数代替平均数的合理性，从而达到对中位数的深刻理解。

这组数据中有差异较大的数据，这会使平均数与各个数据的差异也较大。事实上，这组数据的平均数是 10.6，而大多数同学的捐款数远少于 10.6 元，所以平均数不能比较客观地反映全组同学捐款数的“平均水平”。如果没有极端值，则平均数为 3.7。可见，极端值使平均数增加了 10.6−3.7=6.9。这个例子表明，在某些情况下，如当数据中存在极端值时，算术平均数可能没有意义，有时甚至会产生误导。在这种情况下，我们要介绍另一个表示集中趋势的统计量，这就是中位数。

教学实践。Y 老师首先讲述了中位数代替平均数的历史起源，再讲授该案例。Q 老师认为，如果先介绍中位数起源的历史，则学生在做案例 7 时自然会想到用中位数作为平均水平的代表，这就失去了激发学生学习动机的目的，因此，本节课先讲案例 7，之后再介绍中位数，讲了后面的案例 8 之后，再把历史现象作为阅读材料让学生在课堂上阅读。以下是（4）班师生的一段对话：

教师：你能求出这组数据的平均数吗？

学生：能。（过了一会）平均数为 10.6。

教师：平均数能反映全班同学捐款的“平均水平”吗？

学生：捐款超过 10.6 的人数只有 1 个，因而不能很好代表全班同学捐款的平均水平。

教师：为什么会出现这种情况？

学生：最大值和最小值差异过大，其中的最大值 80 远远大于其余数据，提高了这组数据的平均水平。

教师：也就是说，当数据中出现极端值时，平均数不能作为这组数据的代表，这时我们需要学习另外一个集中趋势的量，即中位数，它也是数据的代表。

教学设计。【案例 8】如下图所示，数轴的上方有一些质点，每个质点的取值用数轴上的数据来表示，如何寻找这些质点中位数的位置？（教师解释图形，让学生理解质点的数据表示。）

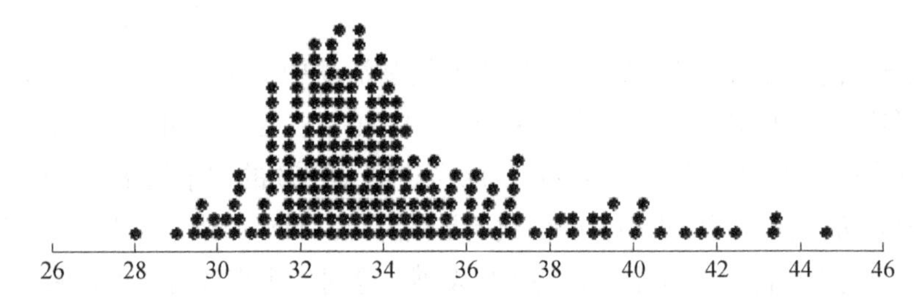

设计说明。高尔顿在使用“中位数”这个术语之前就已经知道这个概念，但当时他使用了其他术语，如“最中间的值”“中等的”等，在 1874 年的一次演讲中他进行了下列描述：一个占据中间位置的物体具有这样的性质，即比它多的物体的数目等于比它少的物体的数目。当数据呈不规则分布时，案例 8 从“形”的角度考查学生对中位数的理解。学生有可能错误地选择在图形正中间的位置，也可能正确地选择在 34 偏左一点的位置。

教学实践。两个班学生解答该题的方案如下。

1）类似求组中值的方法，求出最大值和最小值的平均数作为这组数据的中位数，即 $\dfrac{44.5+28}{2}=36.25$。

2）把数轴中最大值加最小值，再除以 2，即 $\dfrac{26+46}{2}$，得到中位数 36。

3）有学生干脆把印发材料的那张纸对折，中间那条印痕就是中位数所在的位置，如下图所示。

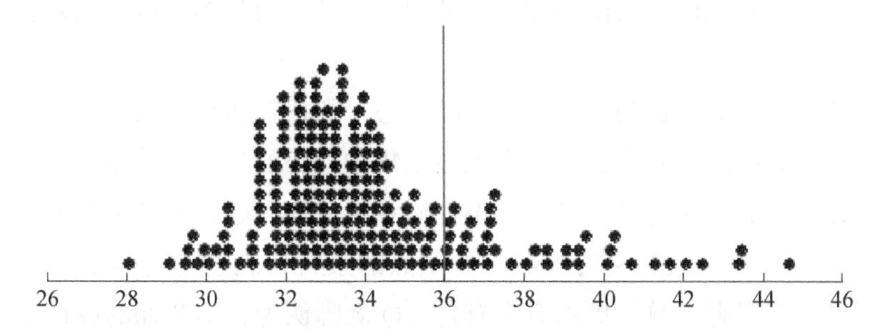

4）有学生认为，左右两边质点的个数应该相等，这就是中位数所在的位置，应该在 34 附近。

5）有学生发现，如果中位数取 34，则左边质点的个数比右边质点的个数多，所以，中位数应该在 34 左边一点，如下图所示。

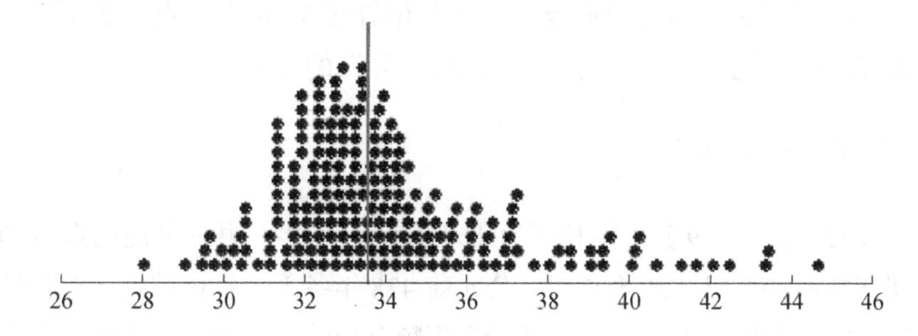

6）课后有一个学生对教师说，可以把右边比较分散的点移到坐标 34—36 的上面，把左边分散的点移到坐标 30—32 的上面，这时质点比较集中，就能看出中位数的位置在 34 附近（其实此时也要数左右两边质点的个数），如下图所示。

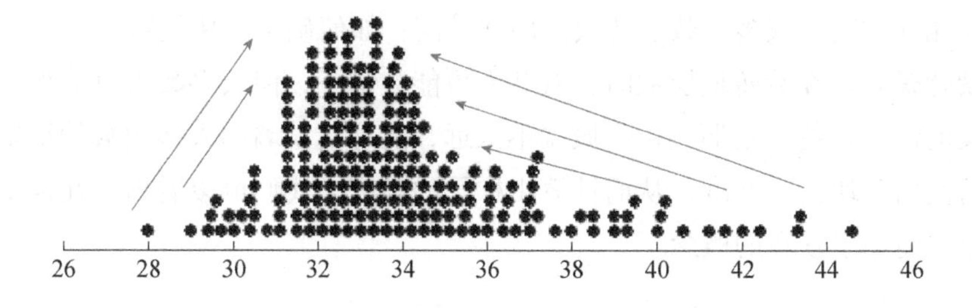

这个想法可谓别出心裁，大大超出了教师和研究者的想象。研究者事后对该生进行了访谈。

研究者：你是如何想到移动质点这个方法的？

赵同学：这些质点一个一个数就太多了，可以把它们移动了放在一起，两边相互对应就容易找到中位数的位置了。

实际上，该同学的想法就是使左右两边质点的个数相等，这与高尔顿描述的方法一致。

教学反思。Y 老师认为：①设计“献爱心”的捐款活动，数据中存在极端值时，算术平均数可能没有意义，需引入表示集中趋势的另一统计量，即中位数，感受中位数存在的意义与必要性。②设计质点中位数问题，从“形”的视角理解中位数，加深对中位数意义的理解。③质点的素材，胜过千言万语，无声胜有声，开阔自己的视野，教学更加有声有色。Q 老师认为：本节课的设计中，预想用图形的形式寻求质点中位数是难点，因此在课前设计了多种方案，对课上学生解决的方案进行充分的估计与探讨，并对课前工作做了充分准备。课堂上，同学们表现出很大的兴趣，积极讨论问题，并提出了自己的观点和看法。在与学生的讨论中发现，学生思维的活跃性是我们无法估量的。例如，在质点中位数估计问题中，有同学凭直觉一眼看出质点中位数的位置在 34 偏左一点。教师需要开发学生的潜能，调动他们的积极性，突出教师“导”的作用。

6.2.4 众数（第 6 课时）

教学设计。【案例 9】直接利用历史现象设计教学。第一个使用众数的例子可能出现在雅典和斯巴达战争时期。公元前 428 年冬天，普拉铁阿人被伯罗奔尼撒人和皮奥夏人包围。不久，他们开始出现粮食短缺，处于绝望之中。由于从雅典人那里获得援助已经没有希望，也看不到其他安全突围的方法，于是普拉铁阿人和被包围的一些雅典人计划弃城而去。他们打算做梯子翻过城墙，而梯子的高度要与城墙的高度一样，因此，可以通过数城墙上砖块的层数来计算城墙的高度。在相同时间，很多人数了砖块的层数。问：如何确定砖块层数？

设计说明。在数砖块层数时，有些人可能数错了，但大多数人可能得到了一个真实的数目，特别是那些距离城墙不太远，能看清城墙的人多次数的结果。他们再猜测出一块砖的厚度，从而计算出梯子的高度。我们可以看出，在这个例子中，已经使用了众数的概念。

教学实践。众数概念相对简单，学生在小学就已经学过，在教师与学生的一问一答中，学生理解了众数的概念。以下是在（4）班课堂中的师生对话：

教师：如何确定砖块的层数？

学生：用众数。

教师：如何找众数？

学生：出现次数最多的数就是众数，也就是砖块的层数。

在（2）班的教学中，Y 老师让学生朗读上述段落，学生在读到含有普拉铁阿人、伯罗奔尼撒人和皮奥夏人的句子时，感觉有些拗口，很好奇，边读边笑，虽然不是很理解，但并不排斥这些术语。教师好像完全进入故事的情景，他神情激昂的问话大大激发了学生的热情，整个课堂秩序有些混乱，但讨论的氛围非常热烈，师生仿佛置身于战争之中。

教师：我们现在被敌人包围了，我们应该怎么办？

学生：突出重围。

教师：我们已经处于绝望之中，如何才能突围？

学生：爬过城墙。

教师：怎样才能爬过城墙？

学生：只有做梯子。

教师：梯子要与城墙一样高，如何确定城墙的高度？

学生：数城墙砖块的层数。

教师：如何确定城墙砖块的层数？

学生：出现次数最多的数。

教师：这是什么数？

学生：众数。

随着“战争”的结束和课堂气氛的降温，学生知道了众数就是一群人数一堵墙出现次数最多的那个数。据后续了解，学生对这节课印象非常深刻，反响很好，他们表示这是他们最喜欢的一节课。

历史现象。另外还有一个众数使用的例子，即关于选举的问题。在古希腊和意大利，选举机构作为一个基本形式存在。在原始的君主统治时期，往往通过一些喧闹的聚会来记录他们的观点。

教学设计。【案例 10】如何表示八年级一个教室里学生鞋子的颜色？在投票表决中，当票数相对集中时，如何确定票数的代表性？众数一定是一个数字吗？

设计说明。当一组数据呈现明显的集中趋势时，宜采用众数作为其平均值的代表。此外，当测量数据不是数字类型时，使用众数作为集中趋势的代表。该案例把众数的概念拓展到非数字类型，虽然超出了教材的要求，但学生并不难理解，而且在现实生活中有广泛的应用。因此，这种拓展还是有必要的。

教学实践。两个班学生热烈讨论鞋子颜色问题，有些同学弯腰去看，有些站起来看，有些跑到其他组去看，整个教室十分热闹，课堂气氛非常活跃。下面是发生在（4）班课堂上师生之间的一段对话：

教师：如何描述全班同学鞋子的颜色？

学生：鞋子有各种各样的颜色，例如有红色、白色、黑色、彩色等。

教师：用哪一个数作为学生鞋子的代表？

学生：为了反映大多数同学鞋子的颜色，应该采用众数作为代表。

教师：今天我们选举一个临时的数学科代表，当选的依据是什么？

学生：选票。

教师：如何确定选举产生的科代表？

学生：选票最多的当选。

教师：用哪一个数表示选票的多少？

学生：众数。

教师：在描述鞋子颜色的例子中，众数是什么？

学生：白色鞋子。

教师：在刚才选举的例子中，众数是什么？

学生：（讨论之后得出）得票最多的同学。

教师：那么，现在我问大家，众数一定是一个数字吗？

学生：不一定。

接下来，教师列举了美国数学教材中的例子。美国皮尔森·普伦蒂斯·霍尔出版社（Pearson Prentice Hall）于2008年出版的《初中数学》（Mathematics Course）教材中，sad、glad、glad、mad、sad的众数是sad和glad。

教学反思。Y老师：①计算城墙的高度，穿插故事情节，学生非常感兴趣。从故事情节到众数的教学，富有情趣，深受欢迎，教学效果极佳。②设计八年级学生最喜欢的电影或一个教室里学生鞋子的颜色案例，是众数的一个直观应用，是现实生活的一个实际问题，联系实际，贴近生活，易掌握。③融入数学史，教会学生在学习真实有用的数学知识的同时，培养用数学眼光看世界的意识与能力。Q老师说，很喜欢这节课的教学设计，以历史事件作为背景引入众数，激发了学生的兴趣，让学生参与到整个教学活动中，就连平时最不爱学习的梁同学也参加了讨论，并回答了一个问题，让Q老师非常感动。由于学生讨论得非常热烈，因此练习时间分配不够。从学生的表现来看，他们非常喜欢这节课，老师在上课的过程中也感到很兴奋，很高兴。因此，这是很舒心的一节课（吴骏等，2014）。

6.2.5 平均数、中位数和众数的选用（第7课时）

历史现象。通常，平均指把一列不等量累加起来均匀分配到每一个个体，使之相等，体现了一种对公平、公正精神的诉求，这就是平均数的公平分享性质。平均数对极端数据很敏感，中位数对极端数据不敏感。特别是在社会科学和经济学中不规则数据比比皆是，统计学越来越多地用于不规则数据的领域后，中位数越来越受欢迎。

教学设计。【案例11】某公司需要招聘一名员工，小张前去应聘。经理说："我公司报酬不错，平均工资每月2000元。"小张工作几天后找到经理说："你欺骗了我，我问过其他员工，没有一个员工的月工资超过2000元，平均工资怎么可能是2000元呢？"经理拿出如下的工资表说："你看，平均工资就是2000元。"小张经过计算表中的工资的平均数恰为2000元。请问：平均数能客观地反映员工工资水平吗？为什么？如不能，那么应该选择哪一个统计量来衡量员工的工资水平？如表6-4所示。

表6-4 员工工资数据

员工	经理	副经理	职员	职员	职员	职员
人数	1	2	2	5	8	1
月工资/元	6000	4000	1700	1600	1500	600

设计说明。平均数的公正、公平精神指每个人实际受益或损失都一模一样。该题中职员工资数据呈明显的偏态，平均数受极端数据的影响较大，不能体现人们的利益诉求，因此，该题中平均数受极端值的影响，已经失去了代表性。那么该选择哪个统计量体现平均工资水平，使之不受超高工资的影响呢？这拟合了历史上中位数取代平均数表示集中量的情形。中位数是处于一组数据最中间的数，位置固定，不受极端数据的影响，正好代表平均工资水平。

教学实践。学生普遍认为，平均数比大多数员工的工资高，因此不能客观反映员工的工资水平。有学生直接看出，这组数据中有2个极端值，即6000和4000，因此不能用平均数作为这组数据的代表，而应该用中位数来反映员工的平均工资。有学生认为，经理和副经理的工资太高，提高了所有员工的平均工资水平，因此应该去掉经理和副经理的工资再求其余员工的平均工资。还有学生认为，小张是工人，应该用工人的工资反映比较合理，即应该用众数反映员工的平均工资水平，实际上，这样得到的平均工资水平与用中位数表示的差不多。

在很多资料上，这类型的问题常常被用来引入中位数和众数概念，但这样的引入由于涉及平均数、中位数和众数的选择，因此对学生来说是困难的。从中位数的历史发展来看，它几乎是作为平均数的替代品出现的，但并没有涉及对这三个概念的选择使用，而只是平均数已经不能很好地反映一组数据的平均水平，需要用另外的统计量来表示，这时才引入中位数。

从学生的回答中也发现，学生对平均数的欺骗性没有很好地理解。有学生甚至认为，经理用平均数反映员工的平均工资，没有欺骗小张。事实上，平均数是一个经常被使用的诡计，有时出于无心，但更多的时候是明知故犯（达莱尔·哈夫，2009）。从平均数公平分享的历史视角来看，经理反映员工的平均工资就不能采用平均数，因为这组数据中有极端值的存在，这样做本身就具有欺骗性，因为他既隐瞒了经理和副经理的高收入，又掩盖了普通员工的低收入，这样的平均数使用是毫无意义的。

教学反思。Y 老师认为：①设计计算平均数、中位数、众数案例，是对这三个统计概念的复习。②设计创设情境，互动探究，提出既贴近实际又容易引起争议的问题，有效地激发学生学习的主动性，形成良好的探究氛围，随着问题的变化与深入，加深学生对这三个概念代表性的认识。③这个教学设计遵循认知心理学原理，教学流畅，促进知识的自主构建，促进学生在知识、能力、情感方面的整体与和谐发展。④教学中要调动学生的学习积极性，参与互动，形成良好的课堂氛围，让学生学有所用，解决实际问题。

Q 老师认为，案例 11 表明了平均数易受极端值的影响，说明中位数最能代表员工平均工资水平。从课堂表现来看，这大大激发了学生的学习热情，同学们在讨论中达成共识，加深了对平均数、中位数和众数优缺点的认识，加强了数学在现实生活中的应用。

6.2.6 数学活动：你是“平均学生”吗？

历史现象。1831 年，比利时天文学家魁特奈特提出了“平均人”的概念，这是他虚拟的一个人。“平均人”不一定在“一切”指标上都具有群体平均值，而可以只表现在某些研究者感兴趣的特定指标上。这种人在现实中不一定存在，但给人真实的感觉。使用“平均人”的目的是理顺人们在社会中存在的各种差异，并在某种程度上归纳出社会的正常规律。

教学设计。【案例 12】为了描述一个班的“平均学生”，我们可以调查全班学生某些方面的特征，收集相关数据，统计这些数据的集中程度。如果某个学生的各个数据接近这种集中程度，那么，这个学生就是这个班的“平均学生”。调查一下，你们班“平均学生”具有什么主要特征？

1）调查内容：全班同学的平均身高、平均体重、平均年龄（按月计）、每月零用钱、每周上网时间、每周看电视时间、每周做家务时间、平时最爱吃的水果等内容。

2）小组活动：全班同学分成 5 个小组，每个小组选择上述一个问题进行调查，并将数据整理在频数分布表中（含表头、调查内容、频数、代表值等），指出平均数、中位数和众数中哪个数能够最好地描述这些数据，并将调查结果在全班展示。

3）全班活动：将各组的结果汇总，得到全班同学的一个“平均情况”，找出一个最能代表全班“平均情况”的“平均学生”。

4）个人活动：填写数学活动评价表（附录 7），进行自我评价和小组评价。

教学实践。这个数学活动在（2）班进行了实践。之所以选择（2）班，有两个方面的原因：一是 Y 老师是（2）班的班主任，操作起来可能方便；二是 Y 老师认为数学活动虽然不是考试内容，但具有重要意义。Q 老师说，他们以前都不进行这个教学实践，只是布置成家庭作业让学生课后完成，其他老师也是如此。（2）班学生选择了 5 个调查内容：学生的身高、体重、年龄（月）、每周做家务活的时间和最喜欢吃的水果。各小组对每个调查项目的计算方法如下。

1）体重和年龄：分组统计，列出频数分布表，取每个小组的组中值作为该小组的平均数，利用加权平均数的计算公式得出结果。

2）身高：经过调查发现，全班身高低于 155 厘米的学生有 4 人，高于 180 厘米的学生有 2 人，其余学生的身高主要集中在 160—170 厘米。于是，该小组取中位数作为全班同学的平均身高。

3）每周做家务活的时间：统计出学生做家务活的时间及人数，直接采用加权平均数计算得出。

4）最喜欢吃的水果：统计了学生最喜欢的水果及对应的人数，选择众数作为全班学生的代表。

根据以上结果，得到该班“平均学生”的主要特征（表 6-5）。

表 6-5　（2）班“平均学生”的主要特征

身高/厘米	体重/千克	年龄/月	每周做家务活/小时	平时最喜欢吃的水果
165	53.1	171	1.68	西瓜

6.3　课后学习单

由于课时有限，教师不可能把平均数的历史材料都在课堂上讲授，因此本书设计了关于平均数概念历史的学习单，让学生在课后进行学习，并回答其中的一些问题（附录 1）。共发放学习单 140 份，收回 130 份，其中有 2 份空白卷。下面略去学习材料，仅对两个班学生的回答进行编码、统计和分析。

6.3.1　天文学中的平均数

测量“拃长”问题：用直尺测量你的“拃长”。连续测量 10 次，把数据记录下来（单位：厘米，保留一位小数），填在表 6-6 中。

表 6-6　“拃长”测量数据

次数	1	2	3	4	5	6	7	8	9	10	估计值
拃长											

问：1）如何确定你的“拃长”的估计值。

2）把一个物体重复测量取平均数的目的是什么？请你作出解释。

从表 6-7 中可以看出，大多数同学采用取平均数的方法估计“拃长”，而且基本上用的是算术平均数，仅有 3 位同学用到了加权平均数（下述学生回答中括号内的数字表示学生回答的编号，前两位表示班级，后两位表示学号）：

$$\overline{x}=\frac{17.5\times3+17.4\times2+17.6\times4+17.3\times1}{10}=17.5\quad（0208、0240、0455）$$

表 6-7　确定“拃长”估计值的方法分类

编码	确定“拃长”的方法	回答人数	百分比/%
q1a1	平均数	100	78.14
q1a2	中位数	4	3.13

续表

编码	确定“拃长”的方法	回答人数	百分比/%
q1a3	众数	16	12.5
q1a4	其他	2	1.56
q1a5	没有回答	6	4.69

注：编码中 q 表示问题，1 表示第一个问题，a 表示第一个问题中的第一个小问题，最后的 1、2、3、4 和 5 表示学生回答的分类。下表以此类推。

部分同学取众数作为“拃长”的估计值，如：

在测量的 10 组数据中，选择出现次数最多的数据。（0259）

有同学测量 10 次的数据为 8、9、7、9、10、9、8、8、7、8。他找出众数 8 作为估计值。（0204、0408、0431）

有 4 位同学取中位数作为“拃长”的估计值，如把 10 个数据由小到大排列：17.5、17.6、17.7、17.8、17.9、18、18、18、18.2、18.2。中位数为（17.9+18）÷2=17.95。（0420、0217、0435、0252）

还有 2 位同学通过观察数据直接得出，其中 1 位同学（0247）得到的 10 个数据为 16.2、16.4、16.0、16.8、17.1、16.7、17.2、17.3、16.5、16.9。他根据观察大概得出估计值为 16.8。

多次测量取平均数的目的如表 6-8 所示。

表 6-8　多次测量取平均数的目的

编码	多次测量取平均数的目的分类	回答人数	百分比/%
q1b1	减少误差	56	43.75
q1b2	得到更准确的值	35	27.34
q1b3	反映平均水平	29	22.66
q1b4	其他	4	3.13
q1b5	没有回答	4	3.13

目的 1：减少误差

确定一组数据的平均水平，反复测量，减小误差，避免偶然性。（0442、0460、0451）

如果只测量一次的话，会存在偶然性，这样得出的值就不准确，不具有代表性。（0452）

可以排除其他因素的干扰，如测量工具的误差，减小偶然性。（0455）

以观测值的平均数估计真值，误差将比单个观测值要小，而且观测次数越多，误差越小。（0403）

测量难免有误差，重复测量取平均数可以减小与真实值的误差。（0401）

目的 2：得到更准确的值

取平均数得到了最可能的取值，即使不太严格，但至少十分接近，使得它总是一个最准确的估计值。（0265）

可以算出一组数据中与实际数据差距最小的一个数。（0255）

求出更接近、更准确的数据，避免存在偶然性。（0218）

目的 3：反映平均水平

反映这组数据的整体情况，使其不会受到最大值和最小值的影响。（0431）

取平均数的目的是直接反映数据的基本特征。（0221）

为了更能代表这组数据，反映这组数据的整体情况，了解平均水平。（0450、0430）

6.3.2 航海贸易中的平均数

该学习单本来有两个问题，但由于第 1 个问题的设计用到求和符号 $\sum$，超出了学生的学习要求，学生几乎无法作答，因而该题没有做统计，这也反映出了在设计学习单时出现的失误。下面统计了学生对第 2 题的回答情况（表 6-9）。

平均数精神问题：平均指把一列累加起来的不等量平均分配到每个个体。结合自己的学习和生活情况，你认为平均数概念体现了一种什么样的精神？请你做出解释。

表 6-9 学生对平均数体现精神的回答

编码	平均数体现的精神	回答人数	百分比/%
q21	公平、平等、统一、团队	87	67.97
q22	反映一组数据的整体情况	15	11.72
q23	学习不偏科，取长补短、探索、追求完美	13	10.16
q24	其他	2	1.56
q25	没有回答	11	8.59

平均数精神 1：公平、平等、统一、团队。

体现了一种公平、公正、人人平等的精神，因为平均分配后每个人得到的数目都是一样的。（0210）

平均数的大小与一组数据的每一个数据都有关系，任何一个数据的变化都会引起平均数的变化，因此，我们要形成一种团队精神，只有团结一致，才能乘风破浪。（0441、0236、0238）

体现了一种为人着想、舍己为人的伟大精神，因为平均数是将自己多余的量给予别人。（0404）

体现了一种团结合作的精神，因为最高与最低之间差距较大，多的会将自己的给予少的，使之齐等，就像团队相互扶持一样。（0415）

平均数精神2：反映一组数据的整体情况。

平均数是一组数据的一个代表值。由于我们不能兼顾所有的数据，所以需要取一个合适的代表表示这组数据的整体特征。（0204）

平均数体现了一种整体的感觉，它代表了一组数据整体的情况，受较大值、较小值的影响。（0431）

体现了一种综合精神，因为平均数综合了所有数据的差异，得出一个具有代表性的数值。（0440）

求同存异，集体、大众意识，不因极差而忽略任何个体差异。（0449）

平均数精神3：学习不偏科，取长补短、探索、追求完美。

在学习中不偏科，每一科的学习都要用同样的态度对待。（0450）

在学习和生活中，我们要取长补短。（0453）

将枯燥无味的“数”变成活生生的“数据”，是一种积极创新的精神。（0202）

6.3.3 魁特奈特和他的“平均人”

家庭平均人数问题。

1）平均数不一定等同于给出数据集合中的某个数据，尽管给出的数据都是整数，但平均数可能是一个小数，这个小数一定具有实际意义吗？统计结果见表6-10。

2）请解释你对“平均每个人每天看1.5小时电视和平均每个家庭有2.5个人”的理解。统计结果见表6-11。

表6-10 学生对平均数体现精神的回答

编码	平均数具有实际意义吗？	回答人数	百分比/%
q3a1	不一定	87	67.97
q3a2	有实际意义	31	24.22
q3a3	没有回答	10	7.81

从表6-10中可知，大多数同学能够理解平均数可能不具有实际意义，例如：

对人或对有生命的物体则无实际意义。（0442）

这个小数不一定有实际意义，比如，0.75个人就应该四舍五入为1人。（0452）

如果几个人在加工一个零件，就不能平均分了。（0402）

然而，还有相当一部分同学认为平均数必须具有实际意义，例如：

平均数是这组数据中的一个数值，无论是分数还是小数都具有实际意义。（0213）

有实际意义，因为它是一个数量。（0430）

有意义，每人平均每天看1.5小时是一个确切的时间。（0421）

有意义，因为它代表了一组数据的平均情况，较为客观。（0244）

由表6-11可知，很多学生并没有理解“在现实背景下，平均数可能没有实际意义”。这与沃森和莫里茨（Watson and Moritz，1999，2000）的研究结果是一致的。

表6-11　学生对“平均人”和“平均时间”的回答

编码	对平均1.5小时和平均2.5个人的理解	回答人数	百分比/%
q3b1	利用公式计算得到	17	13.28
q3b2	1.5小时存在，2.5个人不存在	23	17.97
q3b3	每人每天看电视1.5小时左右，每个家庭有2.5个人左右	22	17.19
q3b4	每人每天看电视1.5小时，每个家庭有2.5个人	23	17.97
q3b5	大部分人每天看1.5小时电视，大多数家庭有2—3个人	4	3.13
q3b6	其他及空白	39	30.47

6.4　教学反馈

为了了解学生对数学史融入数学教学的看法，我们设计了数学课堂教学情况调查问卷（附录4），对（2）班和（4）班的学生进行了调查，共发放问卷140份，收回134份。

6.4.1　数学史融入数学教学与以前教学方法的差异

问题1：老师在讲授平均数、中位数和众数这一部分的方法时和以前数学课的讲授方法有没有不同？不同之处在哪里？请你详细说明。

有 131 个学生觉得他们班的教学方法和以往的不同，有 1 个学生认为没有什么差别。有些学生的回答中指出了多种不同之处，因此所有回答数目超过总人数，共有 150 个回答。学生认为教学方法存在的差异如表 6-12 所示。

表 6-12　学生认为教学方法存在的差异

编码	教学存在差异的方面	回答人数	百分比/%
q11	增加了一些历史情节，激发了学习兴趣	40	26.67
q12	了解历史对知识的理解更深刻	22	14.67
q13	通过历史引入课题	31	20.67
q14	有更多的小组活动，课堂气氛更活跃	18	12.00
q15	教师采用多媒体教学	6	4.00
q16	增加了一些数学知识，如加权平均数等	14	9.33
q17	教师形象发生改变	6	4.00
q18	其他	12	8.00
q19	没有差异	1	0.67

主题 1：增加了一些历史情节，激发了学习兴趣。

以前的课堂直接由问题引出概念，现在的教学插入了一些历史情景，使得课堂变得生动、有趣。（0213）

以前老师上课直接讲定义、概念、做题，非常枯燥和乏味，现在加入了一些数学历史，比之前更加有吸引力。（0253）

老师告诉我们平均数、中位数和众数的起源，并且还利用一些实际问题引入这三个概念。因为加入了一些有趣的活动，调动了学生的学习积极性和主动性，在乐趣中学习数学，既记得牢，又学得快。原来学习还这么有趣，这是以前所没有的。（0418）

主题 2：了解历史对知识的理解更深刻。

原来老师重点讲基本概念与定义，而现在结合数学史讲其实际应用，拓展了知识，增强了学生对知识的理解，加强了运用能力的培训。（0201）

以前的教学，学生常常感到知识来得太突然，现在增加了数学史的情景，使我们明白了知识的来龙去脉，学生开阔了视野，教学更加丰富多彩了。（0216）

在平均数、中位数和众数的教学中，教师引入了数学史，还有形象直观的图形，有利于学生理解这三个概念。（0448）

老师从历史角度讲解了平均数、中位数和众数的来源，列举了一些最典型的

例子，使学生印象深刻，概念清晰。(0425)

主题3：通过历史引入课题。

以往老师都是直接讲解概念与定义，或者通过问题引出，而在平均数、中位数和众数的教学中，则是通过历史问题来引入课题。(0203)

老师在讲解这部分数学知识时，介绍了这类知识的历史背景及在历史上的用途，并将它们改编成数学题目，让学生思考与讨论，从而进一步引出所要学习的知识点。(0267)

老师在上课时，讲了平均数、中位数和众数的起源和实际应用。例如，在讲中位数时，老师讲到第一个可能使用中位数的例子出现在一本关于航海的著作中。(0417)

主题4：有更多的小组活动，课堂气氛更加活跃。

教师更注重给学生更多思考和说出自己想法的机会，这不仅有利于我们学习数学，而且也提高了我们的语言表达能力。(0223)

让我们自己讨论，激发了我们的探索欲和合作精神。(0266)

以前，老师直接讲述基本概念。现在通过许多讨论，让我们发表各自的意见，使课堂具有趣味性，也让数学的抽象变得更为具体，并且能够与现实生活有机地联系起来。(0415)

以前主要是老师讲，我们听，讨论问题的机会也不是很多，而现在主要是我们讲，老师补充和修改，我们独立思考问题的机会多了，学习也比较轻松，更容易吸收和接受。(0418)

主题5：教师采用多媒体教学。

老师用幻灯片进行教学，不仅清楚、形象地把一个抽象的物体展现了出来，而且还引用历史故事，调动大家的学习积极性，有助于我们对这三个概念的理解。(0220)

以前老师在黑板上写，现在使用电脑，比以前更容易听，更好理解，在屏幕上呈现了数学历史，激发了我们的学习兴趣，还可以从中学到这些概念的发展历史。(0225)

主题6：增加了一些数学知识，如加权平均数等。

原来学习的平均数就是算术平均数，现在学习的是加权平均数。另外，中位数和众数的数据比原来更复杂。(0270)

以前用算术平均数，现在用加权平均数，有权重，运算公式也不同。现在的中位数，数据较多，比较复杂，而以前的数据少，很简单。众数也变复杂了。

（0402）

主题 7：教师形象的改变。

老师（男）原来没有这么生动、形象地讲课。（0245）

老师（女）比以前更温柔了。（0403）

老师（女）穿得比以前更好看了。（0403）

老师以前会拖堂，现在不会了。（0406）

6.4.2　学生赞同数学史融入数学教学的观点

问题 2：有人批评，在数学教学中融入数学史，会耽误教学时间，影响学生的学习成绩。相反，有人认为数学教学中融入数学史，能激发学生的学习兴趣，加深对数学概念的理解。请根据自己学习平均数、中位数和众数的经历，谈谈对这两个论断的看法。

有 132 个学生支持在数学教学中运用数学史，2 个学生持反对意见。共有 151 个观点，结果见表 6-13 所示。

表 6-13　学生对数学史融入数学教学的观点

编码	学生的观点	回答人数	百分比/%
q21	在数学教学中运用数学史，能激发学习兴趣，提高学习的主动性（情感）	91	60.26
q22	在数学教学中运用数学史，能增强记忆，加深理解（认知）	25	16.56
q23	数学史的运用，能够和现实生活产生联系（背景）	8	5.30
q24	了解数学的历史发展过程（历史）	11	7.28
q25	活跃课堂气氛（课堂）	8	5.30
q26	其他	6	3.97
q27	不赞成引入数学史	2	1.32

主题 1：在数学教学中运用数学史，能激发学习兴趣，提高学习的主动性（情感）。

数学史的引入可以活跃课堂气氛，增加趣味性，调动学生学习的积极性。（0212）

在数学教学中运用数学史，使我加深了对基本概念的认识与记忆，激发了我的学习兴趣，使我更专心地听课，做作业的速度加快了。（0214）

通过这两个星期的学习，我不仅学会了如何运用平均数、中位数和众数，而

且还学习了许多数学史知识，学到了不少历史小故事，使枯燥的数学课变得丰富多彩，我对数学越来越有兴趣了。（0220）

数学课经常是单调、乏味和无聊的，适当引入数学史，能够提高我们的学习兴趣。（0249）

丰富多彩的数学史能够引起同学们的好奇心，从而使大家在好奇心的驱使下认真听课，从而使同学们在有趣的课堂氛围中学习知识。（0273）

我认为数学史可以提高学生积极性，从而提高学生学习数学的兴趣。我发现，一些上课爱开小差的同学，在这两个周的数学课堂上听课都非常认真。（0411）

相对于文科而言，数学的确有些乏味，满脑子只有一连串的数字，这使得许多同学包括我在内，都为此感到无聊和厌烦，即使有兴趣，那也只是一时的。在数学教学中引入数学史，不仅使我们了解到这么有趣的数学历史，更调动了我们学习的兴趣和求知的欲望，老师为我们上课也会开心，同学们也会更轻松。（0412）

主题2：在数学教学中运用数学史，能增强记忆，加深理解（认知）。

这些历史是我们比较感兴趣的东西，引入数学史会让我们上课更认真地听讲，从而取得更好的成绩。（0274）

引入数学史可以加深对知识点的理解，更容易接受知识，做作业的效率也提高了。（0406）

引入数学史，我们对数学的学习会更积极和主动，上课不再单调和乏味，学习比较轻松和愉快，知识更容易接受和理解，同时也增加了我们的历史知识。这样的上课方式并不会耽误教学时间，更不会影响学生的学习成绩，相反，这样做的效果比以前好得多，大大提高了效率。（0418）

在数学教学中运用数学史的教学方法，增加了我们的学习兴趣，自己变得想学习，这样学得就更认真了，记忆更加深刻，知识的掌握就更牢固了，做作业的速度便快起来了。（0202）

数学史的引入，不仅加强了对概念的理解，而且还了解到数学的种种奥妙。（0243）

主题3：数学史的运用，能够和现实生活产生联系（背景）。

通过历史引入平均数、中位数和众数，说明数学在日常生活中具有广泛的应用性。（0420）

在介绍了平均数、中位数和众数的历史起源后，列举了典型的例子，使我印

象深刻，对概念的理解更清晰，也明白了数据分析在生活中的作用。（0425）

在学习这三个概念时，贴近生活的例子更容易理解。（0263）

主题 4：了解数学的历史发展过程（历史）。

任何事物都有历史发展过程。数学不仅是数字、公式、题海，也有自身的发展历史，而这一过程也是同样值得我们去了解和研究的。（0201）

了解所学知识的历史起源，能使我们认识到这些知识从哪里来，有什么作用，如何运用，等等，这也是一种帮助我们认识所学知识的方法。数学的历史知识拓展了我们的视野。（0223）

数学史的引入，让我们知道古人是如何运用平均数、中位数和众数的，这样对知识点的理解就更透彻了。（0224）

引入数学史可以丰富个人知识。（0245）

引入数学史能使我更好地理解数学，也让我了解了古人是如何探究数学的。（0416）

主题 5：活跃课堂气氛（课堂）。

在课堂上引用一些历史典故，虽然多用了一点时间，但却使课堂气氛更加活跃，能激发学生的学习兴趣。（0235）

引入数学史，能够营造一种浓厚的课堂气氛，有利于教师进行教学。（0221）

在数学教学中运用数学史，可以调节课堂气氛，使我们在相对有趣的环境中学习知识。（0266）

6.4.3　学生的期望

问题 3：在以后的数学学习中，你希望上在数学教学中融入数学史的课，还是在数学教学中不融入数学史的课？你认为在教学中应该如何处理好数学史与数学知识的关系？请你详细说明。

有 131 个学生说他们希望以后的教学中能运用数学史，并给出了 138 个处理数学史和数学知识关系的回答，有 3 个学生不希望在以后的教学中运用数学史。学生的回答如表 6-14 所示。

表 6-14　学生对数学史与数学知识关系的回答

编码	数学史与数学知识的关系	回答人数	百分比/%
q31	适当引入数学史	31	22.46
q32	数学史只是一种辅助工具	20	14.49

续表

编码	数学史与数学知识的关系	回答人数	百分比/%
q33	数学史和数学知识紧密结合	33	23.91
q34	把握引入数学史的时机	15	10.87
q35	引入数学史的方法	28	20.29
q36	其他	8	5.80
q37	在数学教学中不引入数学史	3	2.17

主题 1：适当引入数学史。

引入一部分数学史，但不能过多而影响学生的学习，只要能激发学生的学习兴趣即可。(0208)

数学史应简单、易懂，不要太复杂，借助数学史灵活巧妙地引入数学知识。(0220)

适当引入一点数学史，但不能太多，因为数学学习主要是概念的理解和技能的训练。(0229)

数学史和数学知识合理搭配，相互平衡。(0404)

应当适当融入数学史，通过对数学历史的了解，帮助我们理解数学知识。(0423)

引入数学史，但不要占用太多时间，了解一下就行，活跃课堂气氛。(0429)

主题 2：数学史只是一种辅助工具。

数学教学以数学知识为主，数学史为辅。(0212)

数学史是为数学知识作铺垫的，有了数学史同学们才清楚知识点的来龙去脉，能够更好地掌握数学知识。(0216)

数学史能使我们更好地理解和掌握数学知识，但学习数学知识是主要的，而数学史只是一种辅助工具。(0259)

数学史只是为了让我们更好地理解数学知识，数学课还是要以数学知识为主。(0436)

主题 3：数学史和数学知识紧密结合。

如果老师不为我们介绍中位数的来源，那我们心中不免会有这样的疑问：为什么要学习中位数？什么是中位数？中位数有什么用？而倘若我们了解了中位数的历史，我们便会对上述问题有了更深刻的认识，更有利于我们对中位数的理解。(0412)

中学生应该把数学史当成一种拓展的新知识去学习。学习不能只片面地看重成绩、升学率和文凭。因此，掌握了数学知识还不行，了解数学史的人才能真正称得上一个会学数学、懂数学的人。我们应该把自己的知识充实饱满，做一个真正会学数学和懂数学的优秀学生。（0201）

数学史与数学知识息息相关。了解数学史知识让我们明白问题的由来，从而使解题也更简单和有趣，并且了解数学史也丰富了我们的知识，开阔了视野，能更好地了解数学。（0258）

主题4：把握引入数学史的时机。

应该在比较难懂的数学知识中插入这个知识的数学史，让学生明白古人是如何发现和理解这个知识的，以及这个知识如何运用到现实生活之中。（0273）

数学史的引入应与教学内容相符，在讲述概念时，可以先介绍相关数学史知识。（0213）

数学史融入数学教学，能够帮助教师更好地讲清楚教学的难点和重点，因此，我希望在某些令我们倍感困难的课题中，引入一部分数学史，这样会帮助我们突破难关。（0214）

应该将数学史与数学知识相互穿插，通过对数学史的思考来学习数学知识。（0237）

数学史与数学知识的衔接要自然，不能把二者隔离开来。（0442）

我希望在重要的数学内容中引入数学史，这样可以使我记忆深刻。（0250）

主题5：引入数学史的方法。

数学史只占数学教学的一小部分，数学知识占大部分。数学史应穿插在数学知识中讲授，这样课堂气氛更活跃，学生更容易学习。（0235）

在学习新知识之前，适当介绍一些数学史，以了解相关知识的背景。（0251）

在学习新概念时借助于数学史引入，能够加强对概念的理解。（0268）

很多学生对数学知识不感兴趣，甚至厌恶，但如果在讲新课之前，让学生了解所学内容的数学史，再讲解新知识，那么我相信这些学生将会改变对数学的看法，产生对数学的兴趣。（0402）

应该用数学史中的经典问题来学习数学知识。（0416）

在教学中，讲数学史要抓住主干，重点讲清与数学知识相关的内容，既要让我们了解数学知识的历史，又不能在讲数学史上浪费太多的时间。（0417）

数学史的引入不宜太多，而且不应是冗长繁杂、难懂的文字，而应为简单、易懂、简短的语句。数学史最好把将要学习的知识以问题的形式呈现，这样让学

生既了解了数学史，又学习了新的知识。(0223)

6.4.4 反对的观点

虽然大多数学生赞同在数学教学中融入数学史，但也有学生提出了反对意见，例如：

现在的教学方法与以前的没有什么不同。(0208)

数学史只能作为课外知识来了解，而在课堂上只需要学习考试的内容。(0233)

我不赞成在教学中引入数学史，因为浪费了时间，也不会引起大家的兴趣。(0236)

我不赞成，因为这要看所讲的内容。如果所讲的内容为重点、难点的话，就不要引入数学史，否则会耽误时间，同学们听不到重要的考点，而是这些杂七杂八的东西。课堂上应当多讲点题，特别是与考试有关的内容，因为我们来学校学习是为了考入高中，而不是来听一些与考试无关的内容。如果所讲的内容简单的话，就引入数学史吧，听一听也无所谓，就当是休息吧。(0242)

但是，也有个别学生不赞同在数学教学中融入教学史，比如一个自称“没有美好青春”的初中生写道：

与其把时间花在数学史这些与考试无关的内容上，还不如多讲点与考试有关的题目，这样才能提高数学成绩。如果引入数学史，课堂上该讲的内容讲不完，而这些又不是考试的内容，岂不是白白浪费时间、浪费精神，乃至于我们可贵的青春吗？我们要考试啊！我们不得不考试啊！难道我们真的不想了解数学史吗？不！但我们不能这样做啊。(0242)

6.5 个别访谈

梁同学是（4）班的一名学困生，在这个阶段的学习中，表现较以往有了较大的进步，他积极参与小组讨论，并主动回答问题。叶同学是（4）班的一名优秀学生，近期学习更好了，作业多次受到老师的表扬。为了了解这两位同学产生变化的原因，在“数据的代表”这一节的主要教学内容结束之后，研究者对他们进行了访谈。下面是研究者对梁同学的访谈：

研究者：听说你这段时间学习取得了很大的进步，请你谈谈取得进步的原因有哪些？

梁同学：原来很怕数学，总也学不好。现在上课有兴趣，老师讲的内容几乎都能听懂，学起来也不怎么费力了。我听说有老师来听课，自己事先把学习的内容预习了一下。

研究者：老师上课的方式与以前有什么不同吗？

梁同学：讨论比以前多了，一个人在那里想，只有一种思路，4 个人围在那里讨论，就可以有不同的想法。

研究者：原来上课没有讨论吗？

梁同学：讨论少一些，印象也不深刻。

研究者：现在的讨论有什么好处？

梁同学：有故事启发我们，讨论更积极。在我们讨论的过程中，老师也会过来问我们一些讨论的结果，还会参与我们的讨论。

研究者：在这些课中，你最喜欢哪一节课？

梁同学：都喜欢。

研究者：都喜欢啊？最感兴趣的是哪一节课？

梁同学：众数比较好学，我比较感兴趣。这一节，既听了故事又学习了方法。众数不一定只代表数字，有时还表示一个单词（意指教师上课提到的美国皮尔森·普伦蒂斯 霍尔出版社于 2008 年出版的初中数学教材中，sad、glad、glad、mad、sad 的众数是 sad 和 glad）。

从上述访谈中可以看出，由于老师讲课融入了数学历史，历史故事吸引了梁同学，使得他积极参与到课堂讨论中去，按照他说的“有兴趣就学会了”，因而才有了现在的表现。查阅录像发现，梁同学在众数这一节的教学中曾主动回答老师的提问。按照 Q 老师的话来说“这在以前是绝对不可能的”。相信在不久的将来，他一定能够取得更大的进步。下面看对叶同学访谈的一个片段：

研究者：你取得了哪些方面的进步？

叶同学：对概念的理解比以前更透彻了，不像以前那样只能从定义去理解。

研究者：取得这些进步的原因是什么？

叶同学：老师介绍了相关概念的历史起源。

研究者：你认为这些历史知识有用吗？有什么用？

叶同学：有用。这些历史知识帮助我们更好地理解了这些概念。

研究者：你最感兴趣的是哪个内容？

叶同学：中位数。

研究者：为什么最喜欢这个内容？

叶同学：老师用数形结合的形式帮助我们判断中位数的位置，小于和大于它的数各占一半（意指判断质点中位数位置的那个示意图）。

从这个访谈中可以看出，叶同学对概念的理解是基于数学史知识的，特别是她能用数形结合的观点去理解中位数的概念，这是一个优秀学生难能可贵的思维品质。

6.6 数学活动的特征

为了深入理解数学活动的本质，下面对教学中使用的数学活动的历史对应关系、设计方式和背景设置做进一步的分析。

6.6.1 数学活动与历史的对应关系

本章所设计的数学活动案例，除了经过教学实践的 12 案例之外，还包括历史现象中的古印度人估计大数的故事、估计船员人数问题和利用指南针确定航海位置，共有 15 个案例，其历史对应关系如表 6-15 所示。

表 6-15 数学活动与历史现象的对应关系

数学活动	历史现象
估计数学测验的总分	用平均数、中位数和众数估计总数
古印度人估计大数的故事	用平均数、中位数和众数估计总数
《九章算术》中的平分术	《九章算术》减多益少（数的视角）
帽子平均数问题	《九章算术》减多益少（形的视角）
身高和体重的问题	图形表示数、用平均数作为集中趋势的测量、对各种观测值赋予加权后求其加权平均
估计船员人数问题	组中值是平均数的前概念
公共汽车载客量问题	组中值是平均数的前概念
货币检查箱的故事	抽样、样本平均数估计总体平均数
献爱心捐款活动	中位数的稳健性
利用指南针确定航海位置	中位数的稳健性
寻找质点中位数	一个占据中间位置的物体具有这样的性质，即比它多的物体的数目等于比它少的物体的数目
数城墙砖块数目	重复计数中出现频率最高的值就是正确值

续表

数学活动	历史现象
鞋子的颜色	众数可以表示非数字类型的数据
员工工资问题	平均数的公平性
你是“平均学生”吗?	魁特奈特的“平均人”

6.6.2　数学史融入数学教学的方式

本章结合平均数、中位数和众数的教学内容，根据历史现象设计了相关的数学活动案例，并付诸教学实践。数学史融入数学教学的方式如表 6-16 所示。

表 6-16　数学活动的设计方式及其数量

设计方式	数学活动	数量
直接采用历史上的数学问题和解法	古印度人估计大数的故事、《九章算术》中的平分术、估计船员人数问题、货币检查箱的故事、利用指南针确定航海位置、数城墙砖块数目	6
根据历史材料，编制数学问题	如估计数学测验的总分、寻找质点中位数、鞋子的颜色、员工工资问题、你是“平均学生”吗、身高和体重的问题	6
在现代情境下，选用体现历史发生思想的数学问题	帽子平均数问题、公共汽车载客量问题、献爱心捐款活动	3

弗赖登塔尔（1995）强调，对于历史现象学“需要重新组织”（beg to be organized）。对于数学史的运用，数学教学中所追求的不应是真实历史的简单重现，而应是历史的适当重建，即数学史的适当“改造”应是数学史融入数学教学的一个基本途径。由于学生缺乏统计概念的历史背景知识，他们也拥有前人未知的一些知识，因此，本研究更多地采用后两种方法设计教学案例，注重把历史现象转化为有意义的教学现象。

6.6.3　数学活动的背景设置

初中的统计与概率问题在逻辑推理上的要求不高，学生的困难主要是对概念和背景的理解。背景知识的重要性是统计与概率区别于其他数学内容的显著特点。数据不仅仅是数，也是具有实际背景的数。我们根据 PISA 的分析框架，把数学活动的背景设置分为 4 个层次（鲍建生，2002）。

第一层次：无任何实际背景，简称“无背景”。

第二层次：与学生个人生活经历相关的背景，简称“个人生活”，如硬币、身高、水果、考试分数等。

第三层次：属于职业或者公共常识的背景，简称“公共常识”，如球队、公司、人口、产品销售等。

第四层次：以科学情境为背景，简称“科学情境”，如海波的高度、人体的血型等。

我们把上述设计的15个教学案例的背景进行统计（表6-17）。结果显示，这些数学活动以个人生活和公共常识为主。弗赖登塔尔（1995）指出，数学是充满联系的，学生无法借助于形式规则来掌握它，但却可以通过自己的活动来理解它。这就意味着，在统计与概率内容中设置一些与学生个人生活密切相关的背景，有助于加强学生对这些知识的理解。

表6-17　数学活动的背景设置

背景	数学活动	数量
无背景	《九章算术》中的平分术	1
个人生活	估计数学测验的总分、古印度人估计大数的故事、献爱心捐款活动、鞋子的颜色、身高和体重的问题、你是“平均学生”吗？	6
公共常识	探究公共汽车载客量问题、数城墙砖块数目、帽子平均数问题、员工工资问题、估计船员人数问题	5
科学情境	货币检查箱的故事、利用指南针确定航海位置、寻找质点中位数	3

第 7 章

HPM 教学与学生学习认知

本章采用混合研究的方法，考察经过数学史融入数学教学的实验之后，学生对平均数、中位数和众数理解发生的变化。首先对前、后测试卷进行定量分析，寻找存在的共性；再根据访谈材料进行质性分析，探索变化的原因；最后对定量分析和质性分析的结果作一个总结。

7.1 定 量 分 析

为了更好地揭示两个教学实验班学生认知发展出现的共性和差异，以下把两个班的数据分开统计，主要从理解水平、教学内容和具体题目三个方面对前、后测试卷进行比较分析，其中（2）班回收有效试卷 76 份，（4）班回收有效试卷 70 份。

7.1.1 从理解水平方面看学生的认知变化

从本意理解、选择使用和问题解决三个理解水平对教学实验前后学生的认知变化进行统计分析（表 7-1 和表 7-2）。

表 7-1 （2）班学生实验前后三个理解水平上的差异

测试	前测		后测		t	效应值
	M	SD	M	SD		
总体情况	10.43	4.39	13.12	4.34	−4.863**	0.620
本意理解	5.04	2.59	6.22	2.36	−3.319**	0.479
选择使用	3.36	1.88	4.16	2.02	−3.419**	0.413
问题解决	2.04	1.31	2.74	1.97	−2.925**	0.421

*$p<0.05$，**$p<0.01$，下同。

表 7-2　（4）班学生实验前后三个理解水平上的差异

测试	前测		后测		t值	效应值
	M	SD	M	SD		
总体情况	11.26	4.46	14.07	4.14	−5.291**	0.658
本意理解	5.63	2.47	6.39	2.19	−2.385*	0.328
选择使用	3.29	1.96	4.40	2.22	−4.349**	0.534
问题解决	2.34	1.78	3.29	1.75	−3.328**	0.542

表 7-1 和表 7-2 表明，从整体情况来看，数学史融入数学教学实验之后，两个班学生对平均数、中位数和众数在本意理解、选择使用和问题解决三个理解水平上有了显著提高。在 t 检验达到差异显著的情况下，我们进一步用效应量（effect size）来检验实际效果，本章研究采用 Cohen 的 d 值作为效应值。Cohen（1992）认为，d=0.2 视为是低效果，d=0.5 视为是中等程度的效果，d=0.8 视为高效果。从总体来看，两个班均达到中偏上效果。从理解水平来看，（2）班学生在三个理解水平上接近中等程度的效果，（4）班学生除了对本意理解的效果稍差外，其余均达到中偏上的效果。

7.1.2　从教学内容方面看学生的认知变化

从平均数、中位数和众数三个内容方面对教学实验前后的数据进行统计分析，见表 7-3 和表 7-4。从表中可以看出，两个班学生在中位数的理解上有非常显著的提高，而对平均数的理解则没有显著变化。两个班学生对众数的理解变化情况不一致，其中（2）班学生存在显著性差异，而（4）班学生则差异不显著。从效应值来看，两个班学生对中位数的理解均超过了中等程度的水平。

表 7-3　（2）班实验前后学生理解平均数、中位数和众数的差异

测试	前测		后测		t值	效应值
	M	SD	M	SD		
总体情况	10.43	4.39	13.12	4.34	−4.863**	0.620
平均数	3.74	2.17	4.17	2.05	−1.451	
中位数	2.91	2.05	4.55	2.63	−4.828**	0.701
众数	3.79	2.02	4.39	1.90	−2.538*	0.308

表 7-4　（4）班实验前后学生理解平均数、中位数和众数的差异

测试	前测		后测		t	效应值
	M	SD	M	SD		
总体情况	11.26	4.46	14.07	4.14	−5.291**	0.658
平均数	4.21	2.30	4.74	1.96	−1.811	
中位数	3.40	2.17	5.24	2.67	−5.340**	0.761
众数	3.64	1.93	4.09	1.95	−1.628	

7.1.3　从典型题目方面看学生的认知变化

前面两个方面的数据表明，数学史融入统计概念教学的实验取得了明显的效果。为了进一步分析教学实验前后学生理解水平存在的具体差异，需要考察学生在典型题目上的表现。学生在前后测每一个题目上的得分情况见表 7-5 和表 7-6。

表 7-5　（2）班学生实验前后在具体题目上差异的比较

前后测题目	所属内容	前测		后测		t 值	效应值
		M	SD	M	SD		
q01、h01	中位数	1.51	1.39	2.00	1.34	−2.440*	0.361
q02、h02	众数	2.07	1.14	2.42	1.00	−2.564*	0.328
q03、h03	平均数	1.46	1.48	1.80	1.23	−1.677	
q04、h04	中位数	0.33	0.77	1.17	1.34	−4.994**	0.774
q05、h05	平均数	1.30	0.94	1.01	1.14	1.891	−0.279
q06、h06	众数	1.72	1.30	1.97	1.39	−1.447	
q07、h07	平均数	0.97	0.98	1.36	1.03	−2.453*	0.391
q08、h08	中位数	1.07	0.77	1.38	1.48	−1.676	

表 7-6　（4）班学生实验前后在具体题目上差异的比较

前后测题目	所属内容	前测		后测		t 值	效应值
		M	SD	M	SD		
q01、h01	中位数	1.81	1.31	2.13	1.30	−1.623	
q02、h02	众数	2.21	1.06	2.33	1.05	−0.716	
q03、h03	平均数	1.60	1.50	1.93	1.20	−2.629*	0.245
q04、h04	中位数	0.50	0.96	1.60	1.39	−6.364**	0.930
q05、h05	平均数	1.36	1.12	1.04	1.08	1.721	−0.293
q06、h06	众数	1.43	1.38	1.76	1.40	−1.609	
q07、h07	平均数	1.26	0.99	1.77	1.00	−3.071**	0.517
q08、h08	中位数	1.09	1.09	1.51	1.39	−2.177*	0.338

在表7-5和表7-6中，在前后测的第5题上，两个班学生的成绩不但没有提高，反而有所下降，但差异并不显著。我们也可以计算出Cohen的d值，发现处于较小程度的效果为$d=-0.279$和$d=-0.293$。除了该题之外，学生在其余的各个题目上水平都有不同幅度的上升，其中第4题的上升幅度是最大的，（4）班达到高效果，（2）班接近高效果的程度。第7题也达到了显著性水平，不过（2）班处于中偏下效果，（4）班达到中等偏上效果。在第1、2、3和8题上的表现为（2）班差异显著（效果均较差），（4）班差异不显著，第6题两个班学生的提高都不显著。下面对两个班前、后测发生显著提高的第4、7题和呈下降变化的第5题再做进一步分析。

1. 学生在第4题上的表现

前测第4题。某人花费在因特网上的时间分别为50、276、57、50、62、53、72、71、63、60、22（单位：分钟）。求出平均数、中位数和众数，用其中哪一个数最能描述他花费在因特网上时间的典型性？说明理由。

后测第4题。某人11天看电视的时间分别为45、256、52、45、57、48、67、66、58、55、17（单位：分钟）。用平均数、中位数和众数中的哪一个数最能描述他看电视的时间？说明理由。

第4题主要考察一组数据存在极端值时，对中位数的选择使用情况。两个班学生的回答结果见表7-7和表7-8。

表7-7　（2）班学生回答第4题的情况

测量	中位数	平均数	众数	无选项
前测	13	55	6	2
后测	38	32	5	1

表7-8　（4）班学生回答第4题的情况

测量	中位数	平均数	众数	无选项
前测	18	28	23	1
后测	44	17	9	0

从表7-7和表7-8中可以看出，在教学实验之前，很多学生认为平均数就是数据的典型代表，因此选择平均数的人数最多。经过教学实验后，学生对中位数的认识有了很大的提高，选择中位数的人数增多，达到班级人数的一半以上。

通过对选项正确的人数进行分析，又发现学生解答完全正确的比例也有了大幅度的上升，见表7-9和表7-10。在前测选择中位数的学生中，大部分说理解得不清楚，两个班只有8人完全理解，而后测选择中位数的学生中，很多都提到了中位数不易受极端值的影响，已有56人完全回答正确。这说明，在前测中只有少数学生能正确选择使用中位数，而在后测中有相当一部分学生能真正理解中位数和平均数的区别，从而选择了正确答案。

表7-9　（2）班学生第4题选项的情况

测量	完全正确	选项正确说理不清楚	选项正确说理不正确
前测	2	8	3
后测	24	3	11

表7-10　（4）班学生第4题选项的情况

测量	完全正确	选项正确说理不清楚	选项正确说理不正确
前测	6	5	7
后测	32	4	8

根据学生前后测的变化，我们可以推测，造成这个变化的原因是教师的教学起到了决定性的作用。中位数概念的教学历来是统计概念教学的一个难点，已有研究表明学生对这种问题的理解存在困难（Watson and Moritz，1999；Zawojewski and Shaughnessy，2000b；Konold and Pollatsek，2002；吴颖康和李凌，2011）。由第5章的教学分析可知，教师将数学史融入了献爱心活动和质点中位数问题，这两个活动可能对学生理解中位数概念起到了很好的效果。

2. 学生在第5题上的表现

前后测第5题。某电影院5天的观众分别为72人、97人、70人、71人、100人。求出平均数、中位数和众数，你认为用哪一个数能更好地反映这5天每天看电影的观众人数？说明理由。

前、后测的题是相同的，主要考查学生对平均数的选择使用。两个班学生的回答结果见表7-11和表7-12。

表7-11　（2）班学生回答第5题的情况

测量	平均数（正确选项）	中位数	众数	无选项
前测	56	15	4	1
后测	36	34	2	4

表 7-12　（4）班学生回答第 5 题的情况

测量	平均数（正确选项）	中位数	众数	无选项
前测	44	20	4	2
后测	36	28	2	4

从表 7-11 和表 7-12 可以看到，在实验之前，学生选择平均数的人数较多，然而，教学实验之后，学生选择平均数的人数反而下降了。前测选择平均数的学生，后测有部分改选了中位数。这种变化的可能原因是：数学史融入数学教学的活动强调中位数不容易受极端值的影响，因此学生看到这个题目中有两个极端值 97 和 100，故选择中位数，而没有考虑到中位数根本没有反映观众人数较多这两天的情况，因而出现判断失误。

需要说明的是，无论是前测还是后测，学生即使选择了平均数，但大多数说理是不清楚的。通过对选项正确的人数进行分析，发现一个班学生解答完全正确的人数有所上升，而另外一个班则下降了，见表 7-13 和表 7-14。这说明，数学史融入数学教学的活动表面上使学生在该题的得分降低了，似乎对该题平均数的理解产生了负面效应，但其实并没有产生实质性的影响，因为无论是前测还是后测，学生对该题的理解都是不明确的。

表 7-13　（2）班学生第 5 题选项的情况

测量	完全正确	选项正确说理不清楚	选项正确说理不正确
前测	5	33	18
后测	8	25	3

表 7-14　（4）班学生第 5 题选项的情况

测量	完全正确	选项正确说理不清楚	选项正确说理不正确
前测	9	33	2
后测	6	26	4

从学生的回答中可以看出，他们对该题的选择前后变化较大。有些学生在前测中选择了正确选项平均数，如（2）班一个学生（0270）前测的回答：

平均数，因为5天内数据相差大，而中位数与97、100相差大，不具代表性

但他在后测中却错误地改为中位数选项，下面是他在后测中给出的错误回答：

平均数：$\frac{72+97+70+71+100}{5}=82$

中位数：70、71、(72)、97、100

中位数为72

众数：无

中位数更能，因为这组数据中存在着极大值和极小值，所以平均数不能代表反映。这组数据中各数出现的频率也相同没有众数

还有学生前测选择中位数，基本回答正确，如（4）班一个学生（0468）前测的回答：

答：众数．众数具有典例性．平均数具有平均性．中位数具有代表性．

平均数易受极端值影响．而众数又[illegible]，具有典例性，

但她在后测中改用平均数，回答如下：

解：无众数．

中位数是：70　71　(72)　97．　100　　∴为72人．

$\bar{x}=\frac{72+97+70+71+100}{5}=82.$

中位数只代表排序的关系，而平均数具有极端值的影响．

但最大值与最小值的极差不会太大．

∴选择平均数

有学生前后测都能回答正确，表明他对平均数和中位数有正确理解。不过，这种情况很少见。下面是（4）班一个学生（0420）前测的回答：

平均数：$\frac{(72+97+70+71+100)}{5}=82$(人)

中位数：70、71、(72)、97、100

众数　71．

用平均数．

因为平均数跟每个数都最接近．

他在后测中也给出了正确的回答，而且理解更加准确：

我认为用平均数会更好地反映出

每天看电影的人数

因为平均数相应结合了所有的数据，这组数据的中位数

偏小，无法反映97人和100人的两天．

在前测或者后测中，还有一些学生作出了很好的回答。现列举如下：

平均数能更好地反映每天看电影的人数，因为平均数更接近于各个数据，偏差不大（0403q）。

平均数 82 能更好地反映这 5 天每天看电影的观众人数。中位数 72 与最大数的差距太大，不能真实反映这组数据。（0438h）

用平均数能更好地反映，因为只有平均数与 70 和 100 的差距几乎相当。（0266h）

应该用平均数，因为平均数与各个数据的差距不大，而中位数与各个数据的差距过大，且此数据中无众数，所以用平均数。（0276h）

扎伍杰斯基和绍格尼斯（Zawojewski and Shaugnessy，2000a，2000b）指出，在 1996 年美国（NAEP）的一次测试中，仅有 4%的 12 年级学生能够正确选择用平均数来概括数据，并对为什么用平均数作为集中趋势的代表作出了合理的解释。本题研究在前测中有 14 个学生回答完全正确，在后测中有 14 个学生回答完全正确，两次的正确率均不到 10%。可见，这个问题对学生而言本身具有一定的难度，从而使融入数学史的教学活动很难真正发挥作用。

3. 学生在第 7 题上的表现

前测第 7 题。一个学生把实验室某物体的一个样品称重 10 次，并计算出平均重量为 3.2 克，结果呈现在下图中。但该学生丢失了第 3 次和第 6 次的数据，问：这两次的取值可能是多少呢？说明理由。

后测第 7 题。有 7 幢建筑物的高度如下图所示（单位：米）。问：请你估计它们的平均高度是多少？说明你是如何估计这个高度的。

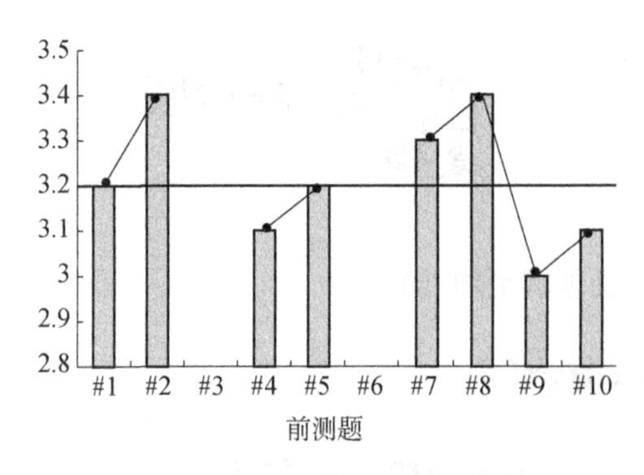

前测题

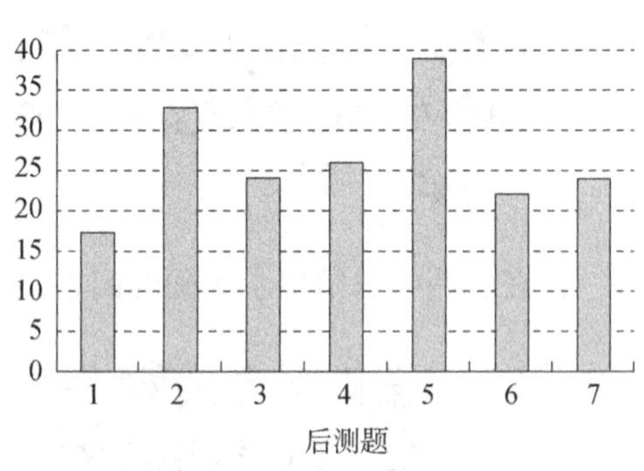

后测题

前、后测的题主要考察学生使用“减多益少”策略解决平均数问题的能力。表 7-15 和表 7-16 是学生对该题回答情况的统计。

表 7-15　（2）班学生回答第 7 题的情况

测量	减多益少	平均数	中位数	众数	其他回答	无作答或错误回答
前测	3	40	0	2	14	17
后测	18	22	15	0	16	5

表 7-16　（4）班学生回答第 7 题的情况

测量	减多益少	平均数	中位数	众数	其他回答	无作答或错误回答
前测	2	43	0	0	13	12
后测	26	23	4	1	10	6

从表 7-15 和表 7-16 可以看出，在前测中，学生主要采用求平均数的方法解决问题，教学实验之后，“减多益少”的方法已经成为一种重要的方法。下面两个图分别是前、后测中学生采用的“减多益少”方法，很明显，在前测中，学生（0275q）虽然采用了“减多益少”的思想，但没有出现“减多益少”的字眼，而在后测中，学生（0469h）已经明确写出采用“减多益少”的方法。

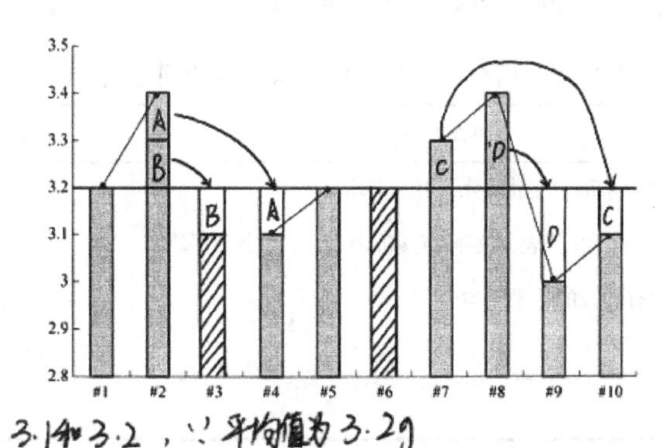

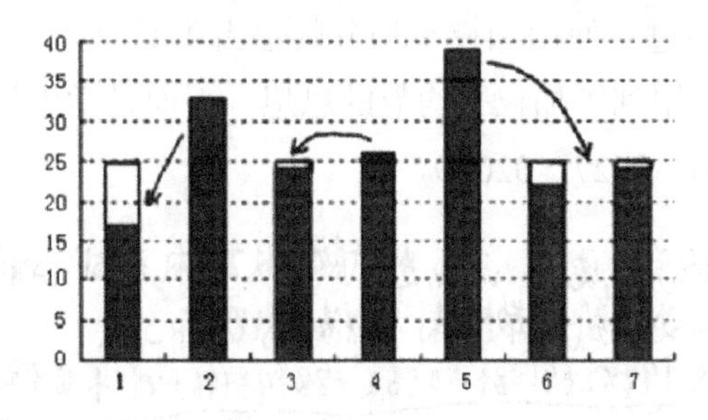

本书研究中，很多学生在后测中使用了“减多益少”的解题方法，其原因可能与教师在教学中讲授《九章算术》的平分术和帽子平均数问题有关，否则不可能有那么多学生在解题中用到这种方法。

7.1.4 学生对加权平均数运用的测试

后测第 9 题。某校举行青年数学教师讲课比赛，评委由 10 名学生代表、3 名骨干教师和 2 名专家组成。下表是评委给某位选手的打分。如果你是组织者，请你制定一个能反映参赛者实际水平的计算平均分的方法，并计算出平均分。

评委	学生代表	教师	专家
评分	92 91 91 90 62 88 91 92 93 96	84 86 86	78 80

本题是对新学内容加权平均数运用的测试。两个班的学生对该题的回答情况见表 7-17，其中的回答类型主要看学生采取的方法，而与计算结果的对错无关。

表 7-17 两个班学生对后测第 9 题的回答情况

编码	回答类型	人数	百分比/%
H0901	去掉一个最高分和一个最低分，再求平均分	63	43.15
H0902	按一定比例确定学生代表、教师和专家的评分，再求加权平均数	43	29.45
H0903	直接计算所有评分的算术平均分	22	15.07
H0904	其他回答	13	8.9
H0905	没有回答	5	3.42

从学生的回答中可以看出，评分方法最多的是去掉一个最高分和一个最低分，再求平均分，不过，使用加权平均分的也占 1/3，尽管有些权重划分错误，如 4∶3∶4，但毕竟用到了加权平均数的思想。下面是学生使用加权平均数的一些方法（0427、0404、0427、0206）。

解：可采用加权平均数的方法，给学生、教师、专家代表得分以不同权，表示不同的重要程度，

如：学生代表、教师代表、专家代表得分比为 4:3:2

则 $\bar{x}=\frac{(92\times2+91\times3+90+62+88+93+96)\times4+(84+86\times2)\times3+(78+80)\times2}{4+3+2}$

$=\frac{4623}{9}\approx514$（分）

答：此老师平均分约为514分

解：去掉一个最高分96，去掉一个最低分62

$\bar{x}_{学生}=\frac{92\times2+91\times3+90+88+93}{8}$

$=91$（分）

$\bar{x}_{教师}=\frac{84+86+86}{3}\approx85.3$（分）

$\bar{x}_{专家}=\frac{78+80}{2}=79$（分）

$\bar{x}=\frac{91+85.3+79}{3}$

$=85.1$（分）

答：为85.1分

评委	学生代表										教师			专家	
评分	92	91	91	90	62	88	91	92	93	96	84	86	86	78	80

学生评分误差大.

解：∵专家最有能力，教师也有能力，相比来说学生能力相对有限，又因为要减小误差，所以去掉最高分、最低分

设学生的评分占总分的20%，教师占30%，专家的占50%

则：$\frac{92+91+91+90+88+91+92+93}{8}\times20\%+\frac{84+86+86}{3}\times30\%+\frac{78+80}{2}\times50\%$

$=18.2+85.3\times30\%+39.5=83.29$（分）

本题研究得到的结果与已有的研究不尽相同。梁绍君（2006a）的测试则表明，仅有不到 13%的学生考虑了使用加权平均，大多数学生只是去掉最高分和最低分，然后取平均值。他指出，从一般平均到加权平均，是一个很大的跨越，我们的教学还远远没有跟上。本节研究与已有研究所得结果的差异说明，本次教学实验对于学生运用加权平均数起到了较好的效果。

通过对学生在前后测问卷得分情况的定量分析研究表明，从理解水平来看，两个班学生在本意理解、选择使用和问题解决三个理解水平上有了显著提高；从学习内容来看，两个班学生对中位数的理解存在显著差异，而对平均数的理解没有显著差异。通过对具体测试题目的分析，发现学生几乎在所有的题目上都有提高，特别明显地表现在关于中位数理解的具体题目上。另外，“减多益少”解决问题的方法也得到了强化。这表明，在数学教学中融入数学史的教学方法有效地促进了学生对统计概念的理解。

7.2　质性分析

Barbin 等（2000）在 ICME 研究中指出，数学史融入数学教学的有效性问题最好采用质的研究模式。格罗思和伯格纳（Groth and Bergner，2006）指出，考察思维水平的研究应该采用质性的研究方法。在本节研究中，为了进一步考查学生认知发展变化的原因，需要采用个案研究的方法。根据（2）班和（4）班学生

前后测试及访谈，采用目的性抽样的方法，从每个班各选取 3 名学生进行个案研究，男女生各 3 名。按照前测中学生认知水平人数的比例来划分个案研究人数，即 U 水平的 1 人，M、T 水平各 2 人，R 水平 1 人（表 7-18）。

表 7-18　个案研究学生前测的基本情况

参与者	班级	性别	认知水平
杨同学	（2）	男	M
江同学	（4）	女	R
赵同学	（4）	男	T
尹同学	（4）	女	U
陈同学	（2）	男	M
柳同学	（2）	女	T

在分析学生认知水平的过程中，为避免重复，仅对第一名学生的分析附上测试题，其余的则只给出题目名称，略去具体内容。

7.2.1　教学实验前学生的认知水平

1. 参与者：杨同学（前测认知水平：M）

在预测试卷中发现，学生基本能说出平均数、中位数和众数概念的定义，因此，在前测的访谈中就不再询问这几个概念的定义了，而主要考查学生是否了解它们的意义。首先通过访谈，从总体上了解学生对这几个概念的理解，再逐一访谈测试卷中的题目。以下根据杨同学对第一次测试的回答，通过访谈考查他对这三个概念理解达到的水平。

研究者：这三个概念是用来干什么的？

杨同学：反映一组数据的情况。

研究者：反映数据的什么特征？

杨同学：平均数表示数据的大致情况，中位数表示数据的居中情况，众数表示出现次数最多的数据。

从杨同学的回答中可以看出，他对这三个概念还没有一个统一的理解，也就是还不清楚它们反映了数据的集中趋势，这在问卷的测试中也有所反映。以下针对第一次测试的问题进行访谈。

第 1 题：歌咏比赛问题。

有 19 名同学参加歌咏比赛，所得的分数互不相同，取得分数排在前 10 名的同学进入决赛，某同学知道自己的分数后，要判断自己能否进入决赛，他需要知道这 19 名同学比赛成绩的（　　）。说明理由。

A. 平均数　　　　B. 中位数　　　　C. 众数

研究者：你为什么选中位数，而不选平均数和众数？

杨同学：这个同学的成绩可能超过平均分，但不一定超过中位数。而中位数可以把前半同学与后半同学隔开，超过中位数就进入了前面一半，进入了决赛。众数表示数量最多，不可能看出他是否进入决赛。

第 2 题：数台阶问题。

某班学生去登山，他们顺着台阶拾级而上，每个同学边爬边数台阶，最后每个同学都得到一个数字，则台阶级数可以由这组数据的（　　）表示出来。说明理由。

A. 平均数　　　　B. 中位数　　　　C. 众数

研究者：你选择了众数，为什么没有选择平均数和中位数？

杨同学：平均数就是把每个同学数的台阶数加起来，再除以个数，它的准确性不如众数，因为众数表示大多数同学都得到这个数，准确率就比较高。中位数也不能客观反映出台阶的准确数。

第 3 题：平均孩子数问题。

一个教师为了调查某镇每个家庭的平均孩子数，他数出这个镇上所有的孩子个数，然后再除以家庭总数 50，得到每个家庭的平均孩子数为 2.2，试判断下列说法哪一个是正确的，并说明理由。

（a）在这个镇上，有一半的家庭，他们的孩子个数超过 2 个。

（b）有 3 个孩子的家庭比有 2 个孩子的家庭多。

（c）这个镇上共有 110 个孩子。

（d）这个镇上的每个家庭有 2.2 个孩子。

（e）大多数家庭有 2 个孩子。

（f）以上都不对。

杨同学的回答如下：

（a）是错误的，理由是：平均数 2.2 只能反映一组数据的整体情况，并不能确定有一半家庭孩子的个数超过 2 个。

（b）是对的，其理由是：2.2 是平均数，大于 2 表示有 2 个孩子以上的家庭占大多数。

（c）是对的，理由是：平均数等于孩子总数除以家庭总数，因此孩子总数=

2.2×50=110，即这个镇上有110个孩子。

（d）是错误的，理由是：不符合实际，因为孩子个数只能为正整数。

（e）是错误的，因为平均数大于2，所以有2个孩子以上的家庭比2个孩子的家庭多。

从以上回答中可以看出，杨同学基本理解了平均数、中位数和众数的概念，但对平均数的认识还比较模糊，如超过平均数就表示大多数等。这表明，他对这三个概念的理解还处于多元结构水平（M）。

第 4 题：上网时间问题。

某人花费在因特网上的时间分别为（单位：分）：50、276、57、50、62、53、72、71、63、60、22。求出平均数、中位数和众数，用其中哪一个数最能描述他花费在因特网上时间的典型性？说明理由。

问：这组数据有什么特点？

答：最小的数为 22，最大的数为 276，差距有点大。

问：为什么不选择平均数和中位数？

答：若选用平均数，由于数据中有一个极大值 276，会使平均数变大。若选用中位数，由于 276 排列第一，取中间的值不准确。

问：为什么不准确？

答：因为有一个太大的数，而取中位数没有用到这个数，因此没有反映出这组数据的特点。

问：为什么选择众数？

答：上网次数最多的数。

问：你认为平均数和中位数在使用上有什么区别？

答：平均数反映了一组数据分布的总体情况，中位数反映了一组数据的前后情况。

从杨同学对该题的回答可以看出，他还不能正确区分平均数和中位数的使用。结合前面的回答知道，他也没有意识到这三个概念都是表示一组数据的集中趋势，因此他的理解水平还没达到关联水平。

第 5 题：看电影的观众人数问题。

某电影院 5 天的观众分别为：72 人、97 人、70 人、71 人、100 人。求出平均数、中位数和众数，你认为用哪一个数能更好地反映这 5 天每天看电影的观众人数？说明理由。

杨同学计算出平均数为（72+97+70+71+100）÷5=82。

中位数：70、71、72、97、100，所以中位数为72。

众数：72、97、70、71、100。

问：你的回答中认为平均数能够更好地反映客观情况，为什么不选择中位数呢？

答：若用中位数，由于70和100差距太大，中位数72只反映了该天看电影的人数，如第五天来了100人就没有反映出来。

问：为什么选择平均数？

答：为了更好地表示每天看电影的人数，就要用到每天的数据，因此选择平均数。

第6题：运动会彩旗方队问题。

学校要召开运动会，决定从初二年级8个班中抽调40名男生组成一个整齐的彩旗方阵队，如果从初二（1）班中任意抽出10位男生，得到10个男同学的身高（单位：米）如下：1.58、1.55、1.63、1.61、1.61、1.58、1.70、1.61、1.53、1.60。根据这10个身高值提供的信息，确定参加方队的学生身高应选择（　　）。并说明理由。

A. 平均数　　　　　　B. 中位数　　　　　　C. 众数

问：为什么选择众数？

答：因为众数能反映出同种数据的数量，运动会彩旗方队要求队员身高相同，队伍才整齐，因此应该选择身高相同的学生。

第5题的回答表明，在计算平均数、中位数和众数时，杨同学错把每天互不相同的观众人数当作众数。他还认为，要反映每天看电影的观众人数，就要把每天看电影的数据都用上，他并不清楚选择平均数比中位数更合理的原因是中位数72给出了一个较低的数，它没有反映出观众人数较高那两天的情况，而平均数82与97和100较为接近，能反映这两天观众人数的情况。虽然他对第6题的回答正确，但从第5、6题理解的偏差来看，也不能认为他达到了R水平。

第7题：实验室样品称重问题。

一个学生把实验室某物体的一个样品称重10次，并计算出平均重量为3.2克，结果呈现在下图中。但该学生丢失了第3次和第6次的数据，问这两次的取值可能是多少呢？说明理由。

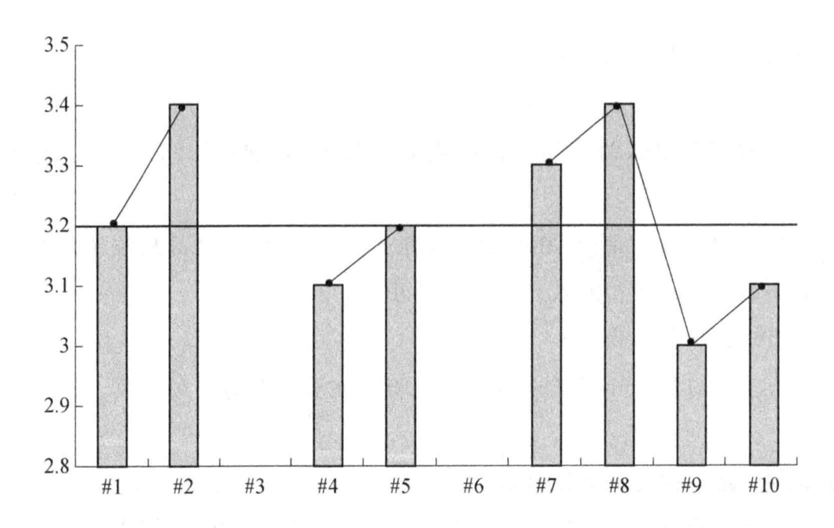

杨同学采用算术的方法来做：

3.2+3.4+3.1+3.2+3.3+3.4+3+3.1=25.7

3.2×10=32

32-25.7=6.3

因此，第 3 次和第 6 次的可能取值为 3.1 和 3.2。

第 8 题：汽车销售定额问题。

某品牌汽车的销售公司有营销人员 14 人，销售部为制定营销人员的月销售汽车定额，统计了这 14 人在某月的销售量，如下表所示。

销售辆数	20	17	13	8	5	4
人　数	1	1	2	5	3	2

销售部经理规定每位销售员每月销售汽车定额为 9 辆，你认为是否合理？为什么？如果不合理，请你设计一个比较合理的销售定额，并说明理由。

问：你认为销售汽车定额为 9 辆不合理，那么应该选择哪个数更合理？

答：我认为应该选择平均数，可以大致表现出一组数据的整体情况。

问：你认为选择中位数作为每月汽车的销售量是否合理？

答：不合理，因为中位数只能片面表现出一组数据居中的数，并不能较全面地去反映一组数据的真实情况。

该学生对第 7 题、第 8 题的回答表明，学生还不能灵活使用平均数、中位数和众数去解决复杂的实际问题。

2. 参与者：江同学（前测认知水平：R）

江同学数学成绩较好，性格开朗，活泼大方，乐意回答问题。

问：为什么要学习平均数、中位数和众数这三个概念？

答：用来统计数据。

问：统计数据的什么特征？

答：平均数突出这组数据的平均情况，中位数表示中间位置，众数表示大部分。

问：这几个概念有什么共同的特征吗？

答：代表平均水平。

从江同学的回答中可以看出，她已经能够认识到这几个概念都是表示数据集中趋势的量，但还不是很明显。

第1题：歌咏比赛问题。

问：你选择了中位数，为什么没有选择平均数呢？

答：平均数容易出现特殊性，如第一个数据特别高，最后一个数据特别低，就会导致平均分过高或过低。在19个数据中，中位数就是第10名同学的分数，当他知道中位数时，若他的分数高于中位数，那么他就进入决赛了，若他的分数低于中位数，那么他就没有进入决赛。

问：为什么没有选择众数呢？

答：众数是一个大多数的情况，高于众数不一定就能进入前10名。

第2题：数台阶问题。

问：为什么选择众数作为台阶数？

答：数得多的就是对的。大家数的差不多是同一个数字，出现次数最多的那个数是正确的。

第3题：平均孩子数问题。

江同学选择了正确答案c，在访谈过程中，她对每个选项都作出了解释：

（a）不对，因为也有可能出现有一半家庭的孩子个数没有超过2个，而有一部分家庭孩子个数超过3个甚至更多。

（b）不对，如果有一部分家庭孩子个数超过3个甚至更多，那么恰好有3个孩子的家庭数就有可能比有2个孩子的家庭数少。

（c）对，因为$50\times2.2=110$。

（d）不对，孩子的个数不可能为小数。

（e）不对，也有可能大多数家庭有3个孩子，一部分家庭有1个或2个孩子。

从前面几题的回答中可以看出，江同学能够正确理解这几个统计量，并且认识清晰，达到了 T 水平。

第 4 题：上网时间问题。

问：你为什么选择中位数而不是平均数？

答：这组数据中 276 和其他数据相差较大，用平均数会使得误差变大。

问：平均数和中位数的使用有什么区别？

答：数据差别不大时用平均数，数据相差较大时用中位数。

第 5 题：看电影的观众人数问题。

江同学计算平均数为：（72+97+70+71+100）÷5=82。她在计算中位数时，先把 5 个数据从小到大排列起来（70、71、72、97、100），中位数为 72。众数：无。

问：你答题时说取平均数误差小，为什么？

答：因为算出来的平均数为 82，在这组数据中处于中间位置，它与 97 和 100 的差距较小，因此选择平均数。

问：为什么不选择中位数？

答：中位数 72 与 97 和 100 的差距较大，故不用。

第 6 题：运动会彩旗方队问题。

问：为什么选择众数？

答：众数能够突出反映全班同学的普遍情况。

问：什么是全班同学的普遍情况？

答：就是相同身高的同学有多少个。

江同学对第 4、5、6 题的回答表明，她已经认识到平均数容易受到极端值的影响，中位数不容易受到极端值的影响，能够正确选择使用平均数、中位数和众数，认知水平进入 R 水平。

第 7 题：实验室样品称重问题。

江同学是这样做这道题目的：

$$3.2\times10=32\text{ 克}$$

$$32-（3.2+3.4+3.1+3.2+3.3+3.4+3+3.1）=6.3\text{ 克}$$

$$6.3-3.2=3.1\text{ 克}$$

故这两次的取值可能为 3.2 克和 3.1 克。

问：最后一步为什么取了一个 3.2？

答：丢失数据的两次之和为6.3克，取其中一次为平均数3.2克，另外一次就为3.1克。

问：除了这种可能的取值外，还有其他的取法吗？

答：只要这两次取值之和为6.3克就行，如可以取3克和3.3克，等等。

第8题：汽车销售定额问题。

问：每月汽车销售定额为9辆，你认为是否合理？为什么？

答：不合理，因为大部分员工不达标。

问：你认为销售定额为多少比较合理？为什么？

答：应该使大多数员工能完成这个销售定额，我认为应该取众数。

江同学对这两个题目的回答并不令人满意，表明她还不能很好地运用平均数、中位数和众数的概念去解决复杂问题。

3. 参与者：尹同学（前测认知水平：U）

尹同学性格腼腆，上课很安静。据班主任老师介绍，该生文科还可以，但数学较差。教学实验期间没有回答过问题，遇到研究者的目光很快躲闪。访谈时声音很小，说的话很少。

问：什么是平均数、中位数和众数？

答：平均数就是把所有的数据加起来除以个数，中位数就是中间位置的数，众数就是出现次数最多的数。

问：这三个概念反映了一组数据的什么特征？

答：反映数据的情况。

问：什么情况？

答：不太清楚。

尹同学能说出这三个概念的定义，但不清楚它们的用途。尹同学给出了第1题和第2题的选项，但没有说明理由。

第1题：歌咏比赛问题。

问：你为什么选择平均数？

答：要把所有的成绩用上，就要计算平均数。

问：知道了平均数又如何呢？

答：高于平均分就进入决赛。

第2题：数台阶问题。

问：你为什么选择中位数？

答：我觉得中位数是对的。

问：为什么中位数是对的？

答：中间的那个数不太多，也不太少。

第3题：平均孩子数问题。

尹同学选择了答案（e），她是这样解释理由的：

孩子总数÷家庭总数=每个家庭平均的孩子数

由于2.2四舍五入得2，所以每个家庭有2个孩子。

基于这样的认识，因此她认为只有大多数家庭有2个孩子是对的，其余的都是错误的。该同学话语不多，故研究者有意多问了她一个问题：

问：平均数是否一定具有实际意义？

答：应该具有实际意义。

第4题：上网时间问题。

问：你为什么选择中位数？

答：可以反映总体情况。

问：为什么不选择平均数？

答：平均数也可以。

问：到底用哪一个最能反映他上网的时间？

答：用平均数。

问：为什么用平均数？

答：平均数的计算要用到所有的数据，它在现实生活中最常用。

问：平均数和中位数有什么区别？

答：差不多一样。

第5题：看电影的观众人数问题。

尹同学的计算平均数为：（72+97+70+71+100）÷5=80。她在计算中位数时，先把5个数据从小到大排列起来（70、71、72、97、100），中位数为72。众数：无。

除了平均数的计算结果有误，其余都正确。她不能选择使用这三个概念，错误地认为用中位数能更好地反映每天看电影的观众人数，理由是中位数能反映总体情况。

从上述回答可以看出，尹同学只能单独使用平均数、中位数和众数的概念，而把它们放在一块就无法区分这些概念，并且还存在一些错误认识，因此她仅达到U结构水平。

第6题：运动会彩旗方队问题。

她选择了中位数，给出的理由类似于第2题：中位数表现出中等的身高，不太高也不太矮。

从第4、5、6题的回答可以看出，尹同学不能区分平均数、中位数和众数，无法做到正确选择使用。

第7题：实验室样品称重问题。

她只给出了结果，没有计算过程，而且结果也是错误的：第3次的取值为3克，第6次的取值为3.1克。

研究者就该题目问了以下问题：

问：为什么称重10次以后要取平均数？

答：不知道。

第8题：汽车销售定额问题。

尹同学的卷面空白，她说不会做。

该学生对第7题、第8题的回答表明，她对平均数、中位数和众数的理解还很有限，不能用于解决复杂的实际问题。

4. 参与者：柳同学（前测认知水平：T）

问：为什么要学习平均数、中位数和众数这几个概念？

答：为了统计数据。

问：平均数、中位数和众数表示了一组数据的什么特征？

答：不清楚。

从这个回答中可以看出，柳同学对平均数、中位数和众数这几个概念已经有简单的认识，但还不能从总体上把握它们的共同特征。

第1题：歌咏比赛问题。

问：你为什么选择中位数？

答：中位数是第10名同学的成绩，若某同学的成绩高于中位数，就进入前10名，若低于中位数就被淘汰。

问：你为什么不选择平均数和众数？

答：平均分就是要把这些选手的成绩加起来，再除以19，但一个选手能否进入决赛，不是要看他的成绩是否在平均分之上，而是要在前10名，因此不能选择平均分。众数是大多数人的成绩，也不能用来判断他是否进入前10名。

第2题：数台阶问题。

问：你为什么选择了众数而不选择平均数和中位数？

答：一个班级人数很多，数的台阶数会有所不同，用平均数和中位数会产生较大的误差。众数是班级同学数出来最普遍的，是大多数人数的结果。

第 3 题：平均孩子数问题。

柳同学选择了答案 c，她是这样解释理由的：

（a）不对，因为平均数为 2.2 并不一定代表有一半家庭孩子个数超过 2 个。

（b）不对，这个也不一定。

（c）对，因为孩子总数除以 50 等于 2.2，则孩子总数为 2.2×50=110。

（d）不对，平均数并不代表精确值，即 2.2 只为平均值，不具有实际意义。

（e）不对，这个也不一定。

柳同学对这三个题目的回答表明，她能用平均数、中位数和众数去解决简单问题，对概念的本意理解有了一些正确的认识，但她还没有认识到这三个概念的代表性特征，因此她的认知水平只达到 T 水平。

第 4 题：上网时间问题。

柳同学认为众数具有代表性，因为众数表示反复出现，具有典型性，而出现次数最多的数往往能反映上网时间的规律性。

第 5 题：看电影的观众人数问题。

柳同学求出了这组数据的平均数为 82，中位数为 72，没有众数，她认为中位数能够反映看电影的观众人数。

问：为什么不选择平均数？

答：平均数易受极端值的影响，中位数和众数不容易受极端值的影响。

问：极端值为多少？

答：97 和 100。

问：那么为什么不选择众数呢？

答：这组数据没有众数，故选取中位数较好。中位数能更好地反映这 5 天看电影的观众人数，因为中位数反映中游的整体状况，不偏不倚，正常稳定。

第 6 题：运动会彩旗方队问题。

柳同学选择众数，她认为，众数具有普遍性，该题是一个抽样调查，采用平均数得出结论具有偶然性。

柳同学对第 4、5 题的回答表明，她不能区分平均数和中位数的特征，无法做到正确选择使用。虽然第 6 题的选择是正确的，但她也不能给出清晰的解释。

第 7 题：实验室样品称重问题。

柳同学是这样做这道题目的：

$$3.2\times10=32\text{ 克}$$

$$32-(3.2+3.4+3.1+3.2+3.3+3.4+3+3.1)=6.3\text{ 克}$$

$$6.3-3.2=3.1\text{ 克}$$

故这两次的取值可能为 3.2 克和 3.1 克。这个做法与前面江同学的做法是相同的。

第 8 题：汽车销售定额问题。

柳同学认为汽车销售定额为 9 辆不合理，只有 4 人能达到要求，应该选择达标人数最多的，即众数。

第 7 题和第 8 题的回答表明，她还不能把平均数、中位数和众数运用于解决复杂的问题。

5. 参与者：陈同学（前测认知水平：M）

问：这三个概念反映了一组数据的什么特征？

答：平均数表示平均水平，中位数表示中间那部分的水平，众数表示大部分所处的水平。

第 1 题：歌咏比赛问题。

陈同学选择了中位数，并阐述了理由：平均数容易受到最高分和最低分的影响，表现出一个集体的平均水平，而这 19 个数据的中位数刚好是从高到低排起来的第 10 个成绩，由于分数排在前 10 名就可以进入决赛，因此只要知道中位数就可以判断自己是否进入决赛。

问：为什么众数不可以呢？

答：众数表示出现次数最多的分数，不一定处于前半段，就不能确定是否进入前 10 名。

第 2 题：数台阶问题。

陈同学认为，数台阶是一个比较简单的问题，每个人数的台阶数不会差异太大，出现次数最多的就是正确的。中位数是一组数据中间的数，也不一定是正确的。如果使用平均数，那么有些人数的多了，有些人数的少了，会对平均数的计算产生影响，而且平均数还可能是一个小数，就更无法表示台阶数了。

第 3 题：平均孩子数问题。

陈同学采用代数的方法来判断各个选项。全镇的孩子总数为：50×2.2=110。设 x 个家庭有 3 个孩子，其余的家庭有 2 个孩子，则 $3x+2(50-x)=110$，所以 $x=10$。即有 10 个家庭有 3 个孩子，有 40 个家庭有 2 个孩子。由此可以知道，选项 a、c、e 是正确的，b 是错误的，对于选项 d，他认为 2.2 只是一个平均值，并不能代表有 2.2 个孩子。

从上面陈同学的回答中可以看出，他基本能理解平均数、中位数和众数的概念，但还存在一些模糊的认识，不能从总体上把握它们的特征。他把统计的学习当成代数来学习，缺乏对统计观念的认识。他的认知水平为 M 水平。

第 4 题：上网时间问题。

问：为什么选择众数?

答：每天花费在网上的时间是不相同的，出现次数最多的时间更具有代表性，表示她经常上网的时间。

问：这组数据有什么特点?

答：特点? 没有吧? 看不出来。

第 5 题：看电影的观众人数问题。

陈同学正确计算出平均数为 82，中位数为 72，没有众数。他认为，平均数表示了平均情况，能更好地反映 5 天看电影的观众人数。

第 6 题：运动会彩旗方队问题。

他认为平均数表示集体的平均身高，具有普遍性和大众化，因此，可以用来确定方队学生的身高。

陈同学在选择使用平均数、中位数和众数时，偏向于使用平均数，无法区分这三个概念的使用场景。虽然第 5 题他的选项是正确的，但从访谈中发现，他其实并不真正清楚选用平均数的原因。他的认知水平仍然停留在 M 水平。

第 7 题：实验室样品称重问题。

陈同学是这样做这道题目的：

$$3.2\times10=32\text{ 克}$$

$$32-(3.2+3.4+3.1+3.2+3.3+3.4+3+3.1)=6.3\text{ 克}$$

$$6.3-3=3.3\text{ 克}$$

故这两次的取值可能为 3 克和 3.3 克。这个做法与前面柳同学的做法是相同的。

第 8 题：汽车销售定额问题。

陈同学认为汽车销售定额为 9 辆不合理，应该选择大多数人都能完成的定额才具有典型性，即众数。

对第 7 题、第 8 题的回答表明，陈同学还不能运用平均数、中位数和众数去解决复杂问题。

6. 参与者：赵同学（前测认知水平：T）

问：什么是平均数、中位数和众数？

答：平均数就是把所有的数据加起来除以个数，中位数就是中间位置的数，众数就是出现最多的数。

问：平均数、中位数和众数这三个数可以用来做什么？

答：可以用来调查数据。

问：这三个概念反映了一组数据的什么特征？

答：共同特点？不知道。

从这个回答中可以看出，赵同学能说出这三个概念的定义，但不知道它们都是表示集中趋势的量。

第 1 题：歌咏比赛问题。

赵同学选择了中位数，他认为，只要知道了 19 名同学的中位数，如果自己的成绩高于中位数，就能进入决赛。

第 2 题：数台阶问题。

他认为，一个班的同学在数台阶时，大部分同学都数对了，只有少部分同学数错了，而众数表示出现次数最多的那个数，因此选择了众数。

第 3 题：平均孩子数问题。

他利用平均数的逆公式求出镇上共有 110 个孩子：$2.2\times50=110$。因此认为选项 c 是正确的。

问：你只说明了 c 是正确的，那么其他选项还有正确的吗？

答：这个题目只有一个正确答案，既然 c 是正确的，那么其余的就是错误的。

问：平均数是否一定具有实际意义？

答：不一定，如平均 2.2 个孩子就没有实际意义。

从上面的回答中看出，赵同学能正确理解平均数、中位数和众数的概念，而且目光敏锐，很快看到第 3 题中选项（c）的正确性，利用排除法否定了其他选项。其实，在随后的访谈中得知，他也能判断其他答案是错误的。由此可知，他的认知水平达到 T 水平。

第 4 题：上网时间问题。

问：为什么选择平均数而没有选择中位数和众数？

答：这组数据中 276 和 22 相差太大，若用中位数和众数，则没有用到这两个数，而平均数是把所有的数加起来再除以个数，它用到了这两个数，因此具有典型性。

问：平均数和中位数在选择使用上有什么区别？

答：一组数据中有最大值和最小值，它们相差很大时，选用平均数；一组数据相差不是很大时用中位数。

第 5 题：看电影的观众人数问题。

赵同学正确计算出平均数为 82，中位数为 72，没有众数。

问：请你说说选择平均数的理由？

答：因为平均数反映了观众 5 天看电影的平均人数，而中位数只是反映了 5 天人数中间的那个数，不能排除看电影人数的偶然性。

第 6 题：运动会彩旗方队问题。

赵同学认为，选择男生去组成彩旗方阵队，就需要男生的身高相同，这样的方阵队才会整齐，因此需要从身高相同的男生中选择，即选择众数。

赵同学对第 4 题的回答是错误的，对第 5 题的选项虽是正确的，但并未作出真正合理的解释，这反映出他不能区分平均数和中位数的使用场景，而且从开始的访谈中发现他并没有对这三个概念有一个整体认识。因此，他的认知水平仍然只能界定为 T 水平。

第 7 题：实验室样品称重问题。

赵同学是这样做这道题的：设第 3 次和第 6 次的数据之和为 x 克，则

$$(3.2+3.4+3.1+3.2+3.3+3.4+3+3.1+x)\div 10=3.2$$

$$x=6.3$$

所以，这两次的可能取值为：3.1 与 3.2，或 3 与 3.3，或 2.9 与 3.4，等等。

第 8 题：汽车销售定额问题。

他认为合理，并计算了相应的平均数：

（20+17+13+8+5+4）÷6=9.2≈9，因此平均销售 9 辆是合理的。

赵同学第 7 题的做法和大多数同学一样，采用平均数的方法来求，对图形的观察不足，不会采用图示的方法。第 8 题则是完全错误的。可见，他还缺乏利用平均数、中位数和众数解决复杂问题的能力。

7.2.2 教学实验后学生的认知水平

1. 参与者：杨同学（后测认知水平：A1）

在第二次访谈中，我们更关心学生与上一次测试的差异，因此，访谈方法与

第一次不同，这次重点访谈测试卷中发生变化的题目，以及产生变化的原因，了解通过数学史融入数学教学的实验后，学生在哪些方面得到了提高。以下分析基于杨同学对后测问题的回答及访谈。

第 1 题：演讲比赛问题。

有 12 位同学参加演讲比赛，所得的分数互不相同，取得分数排在前 6 名的同学进入决赛，某同学知道自己的分数后，要判断自己能否进入决赛，他需要知道这 12 名同学比赛成绩的（　　）。说明理由。

A. 平均数　　　　B. 中位数　　　　C. 众数

杨同学选择了中位数，理由是：大于中位数就能进入决赛，否则不能进入决赛。

第 2 题：数台阶问题。

某班学生去登山，他们顺着台阶拾级而上，每个同学边爬边数台阶，最后每个同学都得到一个数字，台阶级数可以由这组数据的（　　）表示出来。说明理由。

A. 平均数　　　　B. 中位数　　　　C. 众数

杨同学选择了众数，理由是：众数能反映大多数人数台阶的情况，若大多数人数的结果都是一样，则准确率就高。

第 3 题：平均孩子数问题。

一个教师为了调查某镇每个家庭的平均孩子数，他数出这个镇上所有的孩子个数，然后再除以家庭总数 50，得到每个家庭的平均孩子数为 2.2，试判断下列说法哪一个是正确的，并说明理由。

（a）在这个镇上，有一半的家庭，他们的孩子个数超过 2 个。

（b）大多数家庭有 2 个孩子。

（c）这个镇上的每个家庭有 2.2 个孩子。

（d）这个镇上共有 110 个孩子。

（e）有 3 个孩子的家庭比有 2 个孩子的家庭多。

（f）以上都不对。

杨同学在前测的回答中选择了两个答案，现在只选择了一个正确答案，从下面的访谈中可以发现他对平均数概念有了清晰的认识。

问：上一次你认为“有 3 个孩子的家庭比有 2 个孩子的家庭多”是对的，现在怎么认为不对了呢?

答：不一定只有 3 个孩子的家庭比有 2 个孩子的家庭多，也可能出现有 5 个孩子的家庭比有 2 个孩子的家庭多，因此原来的选择不对。

问：会不会出现“有3个孩子的家庭比有2个孩子的家庭少”？

答：这个也有可能，虽然有3个孩子的家庭比有2个孩子的家庭少，但只要还有一些家庭有4、5个孩子就行，就能使得孩子平均数为2.2。

第4题：看电视时间问题。

某人11天看电视的时间分别为45、256、52、45、57、48、67、66、58、55、17（单位：分钟）。用平均数、中位数和众数中的哪一个数最能描述他看电视的时间？说明理由。

问：上一次关于上网时间的问题，你选择了众数，现在这个题你为什么选择中位数？

答：原来选择众数是表示他上网的次数最多，考虑是否存在规律性的问题。现在这个题中256与其他的数据差距较大，存在极端值，所以选择中位数。

问：为什么存在极端值就要选择中位数呢？

答：老师上课讲的。

问：老师怎么讲的？

答：平均数容易受到极端值的影响，而中位数和众数不易受极端值的影响。

问：你还记得老师讲过的问题吗？

答：（员工）工资问题，还有地震捐款问题。

问：你现在如何看待上一次上网时间问题？

答：应该选择中位数，因为存在极端值276。

第5题：看电影观众人数问题。

某电影院5天的观众人数分别为：72人、97人、70人、71人、100人。求出平均数、中位数和众数，你认为用哪一个数能更好地反映这5天每天看电影的观众人数？说明理由。

杨同学上一次算出的众数为72、97、70、71、100，这一次他认为每一个数据出现的次数相同，所以没有众数。对于反映这5天每天看电影的观众人数，前测他选择平均数，但说理不清楚，处于摇摆阶段。后测改选中位数，理由是存在极端值，但在访谈中，他对原来的一些模糊认识有了清晰的理解，重新选定了平均数。

问：为什么原来选择平均数，现在选择中位数？

答：这组数据中有两个极端值，即97和100，取中位数不易受极端值的影响。

问：取中位数与97和100有没有关系？

答：没有关系。

问：取中位数有没有反映出观众人数为 97 和 100 的情况？若取为 73 和 74，则中位数也没有受到影响。

答：中位数与 97 和 100 关系不大（没有反映出观众人数为 97 和 100 的情况）。

问：平均数和中位数，哪一个数更接近 97 和 100？

答：平均数与 97 和 100 更接近。

问：用哪一个数反映这 5 天每天看电影的观众人数更合适？

答：用平均数更合适。

第 6 题：运动会彩旗方队问题。

学校要召开运动会，决定从初二年级 8 个班中抽调 40 名男生组成一个整齐的彩旗方阵队，如果从初二（1）班中任意抽出 10 个男生，得到 10 个男同学的身高（单位：米）如下：

1.58　1.55　1.63　1.61　1.61　1.58　1.70　1.61　1.53　1.60

请根据这 10 个身高值提供的信息，确定参加方队学生的最佳身高值应选择（　　），说明理由。

A. 平均数　　　　B. 中位数　　　　C. 众数

杨同学选择众数，理由是：众数的数据多，采用众数更整齐。

第 7 题：建筑物高度问题。

有 7 幢建筑物的高度如下图所示（单位：米）。问：请你估计它们的平均高度是多少？说明你是如何估计这个高度的。

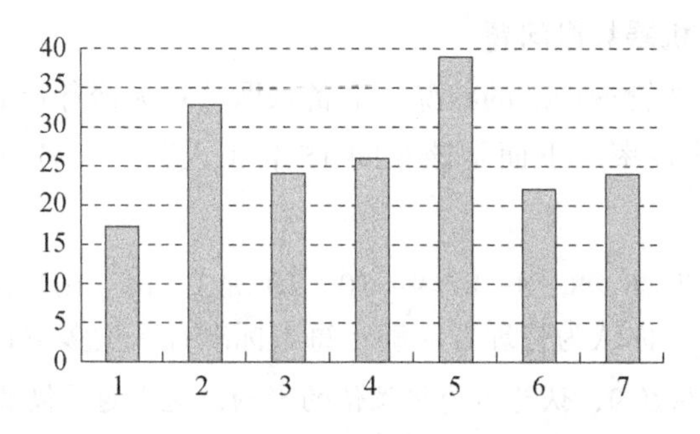

杨同学对这个问题的回答是采用“减多益少”的方法，得到估计值为 26 米，见下图。

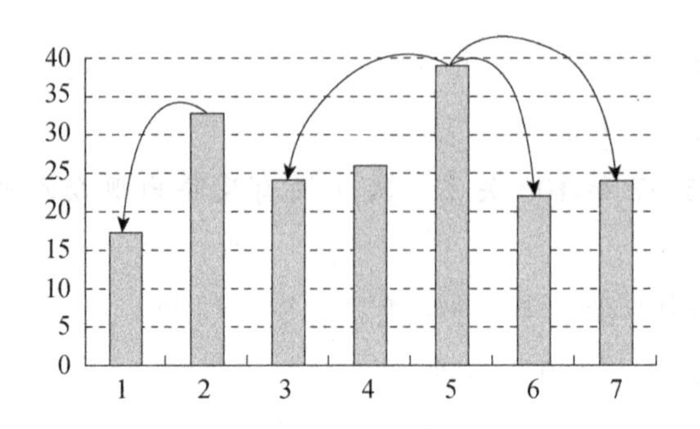

下面就“减多益少”的方法进行访谈。

问：为什么采用“减多益少”的方法？

答：老师教的。

问：（笑）还是老师教的，老师怎么教的？

答：卖水果的问题。

问：没有卖水果的问题啊？

答：就是要使平均数为 7 的那个问题。

问：那是卖帽子的问题。

答：对，就是卖帽子那个问题。

问：帽子平均数之前是哪一个问题？

答：记不清了。

问：你画的这些箭头表示什么意思？

答：把第 2 幢建筑多的部分补到第 1 幢上，再把第 5 幢多余的部分补到第 3、6 和 7 幢上。我估计为 26 米。

第 8 题：生产机器数量问题。

某车间为了改变管理松散的状况，准备采取“每天任务定额，超产有奖”的措施，以提高工作效率。下面是该车间 15 名工人某一天各自装备机器的数量（单位：台）。

6　7　7　8　8　8　8　9　10　10　13　14　16　16　17

根据这组数据，你认为管理者应确定每人标准日产量多少台为好？为什么？

问：你选择中位数 9，认为不受极端值的影响，这个题的极端值在什么地方？

答：没有回答好。我的意思是说，根据超产有奖，取平均数的话，这个值会大一些，很多人不能完成，取中位数有一半的人能完成，有一半的人不能完成，这样比较合理。

从上述回答可以看出，经过数学史融入数学教学的实验，杨同学能够理解平均数、中位数和众数的概念，了解了这三个概念表示数据的稳定情况，认识到一组数据中存在极端值的情况下要用中位数。在两个复杂问题的测试中，他能利用“减多益少”的方法解决一个实际应用问题。可以认为，杨同学对这三个概念的理解发展到了能够解决单个复杂问题的水平（A1）。

为了进一步考察杨同学对这三个概念的认识，以及经过数学史融入数学教学的实验后，是否对这些概念产生了新的认识，研究者继续访谈了以下的几个问题，并把杨同学的认知发展总结为表 7-19。

问：通过这部分的学习，你对平均数、中位数和众数的理解是否也加深了一些认识？

答：是的，平均数有时不是代表一个准确的值，如有时可能为小数或分数。

问：如果得到平均数为小数或分数，它们一定具有实际意义吗？

答：不一定具有实际意义，如人口问题中的 2.2 个人就没有实际意义（即第二次测试题中的第 3 题）。

问：还有吗？

答：存在极端值的情况要用中位数。

问：众数的学习与以前有不同的地方吗？

答：有可能没有众数，众数不止一个，众数不一定是一个数字。

问：对于众数不一定是一个数字，你能举一个例子吗？

答：老师上课讲过科代表，还有鞋子颜色的问题就不是一个数字。

问：这三个概念有什么相似之处？

答：反映了一组数据的总体情况。

问：什么总体情况？

答：大致情况。

问：这一节和下一节的方差有什么区别？方差表示什么？

答：方差表示波动。

问：平均数、中位数和众数表示什么？

答：表示稳定，向中间靠拢。

表 7-19　杨同学认知发展总结

进步记录	进步原因	证据
超过平均数不一定代表大多数	不清楚	第二次测试卷和访谈
存在极端值要用中位数	地震捐款问题、员工工资问题	第二次测试卷和访谈

续表

进步记录	进步原因	证据
平均数的"减多益少"	帽子平均数问题	第二次测试卷和访谈
平均数不一定具有实际意义	第二次测试卷	第二次访谈
众数不一定是一个数字	鞋子颜色问题	第二次访谈
平均数、中位数和众数反映了数据的稳定情况	不清楚	第二次访谈

2. 参与者：江同学（后测认知水平：A2）

江同学对第1、2、3题的回答基本一致，反映了她对基本概念理解的稳定性。

第4题：看电视时间问题。

江同学在第一次测试中没有计算平均数、中位数和众数的值，而在这一次测试中计算了这三个值：

$$\bar{x}=(45+256+52+45+57+48+67+66+58+55+17)\div 11=69.6$$

把看电视的时间按由小到大的顺序排列为17、45、45、48、52、55、57、58、66、67、256。

中位数应该是第6个数所在的位置，即55，而45出现的次数最多，所以众数为45。

她说明了用中位数描述看电视时间的理由：因为平均数受极端值的影响较大，众数与其他值相差较大，而中位数既不受极端值的影响，又能代表一组数据的水平。

第5题：看电影观众人数问题。

这个题目和第一次测试的题目一样，江同学给出了比上一次更清晰的回答：

$$\bar{x}=(72+97+70+71+100)\div 5=82$$

把这5个数据由小到大排列为70、71、72、97、100。中位数为第3个数所在的位置，即72。由于这组数据中每个数据均只出现一次，所以这组数据没有众数。

她认为平均数能更好地反映这5天每天看电影的观众人数，因为平均数能代表这组数据的平均水平，而中位数距离100较大，不能很好地反映整组数据的水平。

第6题：运动会彩旗方队问题。

江同学的回答：因为众数表示出现这个数据的数量较多，能较好地组成方队。

第7题：建筑物高度问题。

问：你这个题采用了"减多益少"的方法，为什么想到用这个方法？

答：老师上课时讲到有一个“帽子问题”就是采用“减多益少”的方法，因此我想到了用这个方法。

第 8 题：生产机器数量问题。

问：你为什么选择中位数作为工人每天生产机器的数量？

答：这组数据的中位数为 9，每人每天生产 9 台机器，这样可以使完成任务和没有完成任务的工人同样多，而且还让工人有上进心。

问：为什么不选择众数？

答：如果选择众数，那么大部分工人都能完成任务（15 个工人中只有 3 个人不能完成），缺乏激励作用。

问：在第一次测试中，汽车销售量问题你选择了众数，你认为合理吗？

答：不合理，应该选择中位数。

从上述的回答中可以看出，江同学进一步巩固了对这三个概念的理解，在对概念的应用方面有了较大的进步，她成功地解决了后测中的两个复杂问题，认知水平达到了 A2 水平。

为了进一步考察江同学对这三个概念的认识，以及经过数学史融入数学教学的实验后，是否对这些概念产生了新的认识，研究者继续访谈了以下的几个问题：

问：通过这部分的学习，你对平均数的理解是否也加深了一些认识？

答：平均数可以不具有实际意义。以前认为中位数是中间位置的数，现在还知道比它大的和比它小的数量都是一样的。

问：你是怎么认识到这一点的？

答：老师讲过有一些点的那个图。

问：那是个质点图。

答：对，就是那个图形。

问：还有吗？

答：想不起来了。

江同学在本次测试中取得了明显的进步，这当中数学史融入数学教学产生了一定效果。查阅她的平均数课后学习单，发现她在学习了航海贸易中的平均数后，她写道：

平均数的概念体现了一种助人为乐、互帮互助、有福同享、有难同当的精神。当我们在讨论探究问题时，把问题的难度平均分给大家，每人思考一点，很快问题就解决了。当几个好朋友在一起吃东西时，把好吃的东西拿出来，再平均分给每一个人，这样大家就能轻松地一起享受美食，收获了友谊。

这些话语虽然显得比较稚嫩，但江同学的这个认识应该看作一种进步，因为这是她阅读了学习单之后得到的新认识。她在学习了天文学中的平均数之后，也有了新的认识，即多次测量取平均数可以减少误差。而对于平均数可以不具有实际意义的认识，其原因则是不清楚的，也许以前就有这种认识，而前测没有访谈过这个问题，因此不能明确归结为数学史融入教学产生的结果。江同学的认知发展总结见表 7-20 所示。

表 7-20　江同学认知发展总结

进步记录	进步原因	证据
平均数的“减多益少”	帽子平均数问题	第二次测试卷和访谈
中位数两边数据的数量是相等的	质点图问题	第二次访谈
平均数不一定具有实际意义	不清楚	第二次访谈
多次测量取平均数可以减少误差	天文学中的平均数	课后学习单
平均数的公平分享	航海贸易中平均数	课后学习单
运用加权平均数解决讲课评分问题	不清楚	第二次测试卷

3. 参与者：尹同学（后测认知水平：M）

第 1 题：演讲比赛问题。

尹同学在前测中选择平均数，现在改选中位数。

问：你为什么选择了中位数？

答：表示中间位置。

问：知道中间位置又怎么办？

答：高于中间位置的同学进入决赛。

第 2 题：数台阶问题。

问：你第一次测试选择中位数，现在选择众数，为什么？

答：众数是这组数据中出现最多的数。

第 3 题：平均孩子数问题。

尹同学第一次测试的时候，认为只有大多数家庭有 2 个孩子是对的，现在认为这个镇上共有 110 个孩子也是对的，她认为这是由家庭总数乘以平均数孩子数而得到的。这是平均数公式的逆应用。

第 4 题：看电视时间问题。

与第一次测试一样，她选择了中位数，询问理由时，她依然认为中位数表示总体情况，还是不清楚中位数不易受极端值的影响。

第 5 题：看电影观众人数问题。

这一次她给出了平均数的正确答案 82，她选择平均数作为看电影观众人数的代表，其理由是平均数可以反映出这组数据的平均情况和总体情况。与第一次相比，只是选项不同，理由却是相同的。于是，研究者问了下面的问题：

问：平均数和中位数有什么区别？

答：平均数表示平均情况，中位数表示中间位置的数。

问：什么时候使用平均数？什么时候使用中位数？

答：不知道。

第 6 题：运动会彩旗方队问题。

尹同学第一次测试的时候选用中位数，第二次测试改选众数，她认为众数是数据中出现次数最多的数，选择众数才能让这个方队更整齐。结合前面第 2 题，可以发现尹同学对众数的理解比较清晰，能区别于其余两个概念。在第一次测试时，虽然她也能说出众数的概念，但却不能把众数运用到解决问题之中。

问：你对众数的理解有了很大的提高，你能说说产生这个变化的原因吗？

答：我也不知道，只是觉得众数好学一些，老师上课讲的故事很有趣（意指数城墙砖块层数的故事）。

第 7 题：建筑物高度问题。

尹同学对这道题目的计算比前测有进步，她采用平均数的方法：

$$3.2\times10=32\text{ 克}$$

$$32-(3.2+3.4+3.1+3.2+3.3+3.4+3+3.1)=6.3\text{ 克}$$

$$6.3-3=3.3\text{ 克}$$

故这两次的取值可能为 3 克和 3.3 克。

第 8 题：生产机器数量问题。

尹同学虽然选择了中位数，但认为中位数可以反映出这组数据的大致情况。可见，她并不能真正利用中位数去解决复杂的问题。

为了进一步考察尹同学对这三个概念的认识，以及经过数学史融入数学教学的实验后，是否对这些概念产生了新的认识，研究者继续访谈了以下的几个问题：

问：平均数、中位数和众数这三个概念有什么相似之处？

答：都是反映了一组数据的情况。

问：反映什么情况？

答：总体情况。

问：通过本单元的学习，你对平均数、中位数和众数的理解有没有一些新的认识？

答：除了平均数，有时还可以使用加权平均数。

从上述回答可以看出，经过数学史融入数学教学的实验，尹同学基本理解了平均数、中位数和众数的概念，能利用这三个概念去解决简单问题，但还存在一些模糊认识，并不了解这三个概念能够表示数据的集中情况，不能区分平均数和中位数的选择使用。可以认为，尹同学对这三个概念的理解发展仅到多元结构水平（M）。

查阅尹同学的平均数概念的课后学习单发现，她在阅读了天文学中的平均数之后，认为把一个物体重复测量取平均数是为了减少误差。在学习了魁特奈特和他的"平均人"后，她认为平均数不一定具有实际意义，对比第一次的访谈，发现这是以前所没有的。她的认知发展总结见表 7-21。

表 7-21　尹同学认知发展总结

进步记录	进步原因	证据
平均数公式的逆运用	不清楚	第二次访谈
加强了对众数概念的理解	数城墙砖块层数的故事	第二次访谈
多次测量取平均数是为了减少误差	天文学中的平均数	课后学习单
平均数不一定具有实际意义	魁特奈特和他的"平均人"	课后学习单
用加权平均数反映数据情况	不清楚	第二次访谈

4. 参与者：柳同学（后测认知水平：A1）

第 1 题：演讲比赛问题。

柳同学对第 1 题的回答比第一次更为清晰。她认为，中位数表示把数据分成两半的中界线。本题中有 12 名同学，中位数把这些同学的成绩分成两半，前 6 名进入决赛，因此该同学的成绩必须高于中位数才能进入决赛。

她对第 2 题和第 3 题的回答与第一次测试相同。

第 4 题：看电视时间问题。

问：为什么上次用众数现在改用中位数？

答：因为平均数易受极端值的影响，中位数不易受极端值的影响。这组数据有极端值 256 和 17，它们的差距过大。众数为 45，虽不受极端值的影响，但距离最小值过近，而且出现的频率不高，只有中位数最合适。

问：什么情况下用中位数？

答：有极端值存在的情况下用中位数。

问：第一次测试的那个题目你用众数对不对？

答：不对。

问：应该用哪一个数表示？

答：用中位数，因为有极端值276。

第5题：看电影观众人数问题。

柳同学正确计算出平均数为82，中位数为72，没有众数。第一次测试她认为存在极端值，从而选择了中位数来反映看电影的观众人数。现在她认为，中位数只代表排序的关系，而平均数虽然受极端值的影响，但与最大值和最小值的极差不算太大，故选择平均数来反映看电影的观众人数比较恰当。她认为平均数82与97、100比较接近，中位数72与97、100距离较远，因此平均数能更好地反映这组数据的特点。

第6题：运动会彩旗方队问题。。

柳同学第一次测试时选择了众数，现在她认为这组数据是抽样数据，存在偶然性，用平均数比较合适。可见，抽样问题干扰了她对众数的理解。

第7题：建筑物高度问题。

柳同学估计出建筑物的平均高度为27米，采用“填补法”算出，但没有具体说明怎样用“填补法”得出结果。

问：你怎样采用“填补法”得到建筑物的平均高度？

答：就是把高的部分填补到矮的部分，可以估计出平均高度。

问：你是如何想到这个方法的？

答：老师讲过一个帽子问题，就是把多余的帽子移动到帽子少的那个部分。

第8题：生产机器数量问题。

柳同学认为众数8台较好，因为众数代表大多数人能完成。这与第一次测试时的理解思路一样，忽视了“任务定额，超产有奖”的积极功能。

从上述回答可以看出，经过数学史融入数学教学的实验，柳同学能够理解平均数、中位数和众数的概念，认识到一组数据中存在极端值的情况下要用中位数，并能利用“减多益少”的方法解决一个实际应用问题，但对众数的选择使用却存在一定的偏差。另外，为了调查学生学习加权平均数的情况，本研究在第二次测试中增加了一个讲课评分的问题，柳同学能够把教师、学生和专家的评分按照不同的权重计算加权平均数，表明她对加权平均数的理解有了进步。为了进一步考察她对这三个概念的总体认识，进行了如下访谈：

问：平均数、中位数和众数有什么相似和不同之处？

答：相似之处都是表示平均水平，是数据的代表。不同之处是：平均数不受极端值的影响，众数表示大多数，中位数是中间位置的数，是两边数据的一个分界。

问：你是如何知道中位数是数据的一个分界的？

答：老师上课时用一条线把左右两边的数据分成两半（即质点图问题）。

问：你对这三个概念有一些新的认识吗？

答：平均数不是唯一的，应根据不同的情况选择使用平均数、中位数和众数。

从上述回答中可以看出，柳同学已经认识到这三个概念表示数据的平均水平，达到关联结构水平（R），而且在第 7 题中能利用“减多益少”的方法解决单个复杂问题。因此，可以把她的认知水平判定为 A1，她的认知发展总结为表 7-22。

表 7-22　柳同学认知发展总结

进步记录	进步原因	证据
平均数的填补法	帽子平均数问题	第二次测试卷和访谈
中位数把数据分成个数相等的两半	质点图问题	第二次访谈
平均数、中位数和众数都是数据的代表	不清楚	第二次访谈
根据不同的情况选择使用平均数、中位数和众数	不清楚	第二次访谈
运用加权平均数解决讲课评分问题	不清楚	第二次测试卷

5. 参与者：陈同学（后测认知水平：M）

陈同学对第 1 题和第 2 题的回答与第一次测试基本相同。他对第 3 题的回答没有像第一次那样采用计算的方法，而是采用说明理由的方法。他在前测中，认为有 3 个选项是正确的，现在他改变了其中一个判断，即大多数家庭有 2 个孩子是不正确的。他认为，有 3 个孩子的家庭可能比有 2 个孩子的家庭多，也可能比它少。这说明，他已经理解了平均数不一定代表大多数。

第 4 题：看电视时间问题。

问：这个题目与第一次测试的题目是类似的，两次你都选择了众数，为什么？

答：若每天都看电视，就会存在某一天看得多，或看得少，对取平均数会产生影响。中位数只表示这些时间的一半，取众数可以看出他经常看电视或上网的时间。

问：这组数据有什么特点？

答：没有看出来。

问：什么情况下选用中位数？

答：寻找中间位置的时候。

从上述回答看出，陈同学不能区分平均数和中位数的使用，他只知道平均数易受极端值的影响，但不清楚中位数不易受极端值的影响，对中位数的运用仅限于寻找中间位置。因此他不能观察到一组数据中是否存在极端值，也就无法选用中位数，而区分平均数和中位数的使用恰恰是这部分学习的一个重点内容。

第5题：看电影观众人数问题。

问：这个题和上一次测试是一样的题目，你原来选择了平均数，现在为什么选择了众数？

答：如果某一天电影很好看，来的人就会很多，而如果电影不好看，这一天来的人就会很少，取平均数就会产生误差。众数反映了看电影的人数出现的频率最高，具有代表性。

陈同学虽然正确计算了平均数、中位数和众数，但他的回答显然没有注意到这组数据根本不存在众数。由于不能区分平均数和中位数的使用，他常常选择众数来反映这组数据，第4、5题和后面的第8题同属于这种情况。下面的第6题不需要区分平均数和中位数，而他又有较强地使用众数的意识，因此能够作出正确的判断。

第6题：运动会彩旗方队问题。

在第一次测试中，陈同学选择平均数，现在他认为，以大多数学生的身高，即众数为标准的方队较为整齐。

陈同学对第4—6题的回答都选择了众数，虽然第6题的回答是正确的，但可以看到，他并未理解这三个数都是表示集中趋势的量，并非只有众数一个统计量，他也不能区分它们之间的使用场景，因此他的认知水平仍然停留在原来的M水平。

第7题：建筑物高度问题。

陈同学采用“凑十法”估计出建筑物的平均高度为26米。他做出如下解释：首先标出每一幢建筑物的高度，分别为17、33、24、26、39、22、24。再把个位两个数能凑成10的数相加，如3+7、6+4 等。最后再求和，除以7得到建筑物平均高度的估计值。

第 8 题：生产机器数量问题。

陈同学认为应该以众数 8 作为每天的生产量，这样大多数工人都能完成任务。

他估计建筑物高度采用的还是求平均数的方法，而对第 8 题依旧采用他喜欢的众数，没有显示出他认知水平的提高。

陈同学上课回答问题非常积极，他在中位数的学习中有一次很好的表现。在那节课上，老师让大家寻找质点图中位数的位置，陈同学曾指出，中位数应该处于质点中间的位置，位于中位数两边质点的个数应该相等，而不是数轴的中线。可见，他对中位数可以把数据分成个数相等的两半有清晰的理解。尽管陈同学认为数学史对学习很有帮助，但从第二次测试和访谈的情况来看，数学史对他的推动并不大。

为了进一步考察陈同学对这三个概念的认识，以及经过数学史融入数学教学的实验后，是否对这些概念产生了新的认识，研究者继续访谈了以下的几个问题，并把陈同学的认知发展总结为表 7-23。

问：学习了这部分内容有哪些新的认识？

答：能够用这些概念去分析数据。

问：请具体说明。

答：例如可以用众数表示全班同学最喜欢吃的水果（该进步来源于鞋子颜色问题，他所在的班级做过“平均学生”的调查，因此印象比较深刻）。

问：在教学中运用数学史对你有哪些帮助？

答：历史可以开阔思路，引导思维，体会数据在实际生活中的应用。

表 7-23　陈同学认知发展总结

进步记录	进步原因	证据
平均数不一定代表大多数	不清楚	第二次访谈
众数可以表示非数字类型	鞋子颜色问题	第二次访谈
增强了数据分析的意识	不清楚	第二次访谈
中位数把数据分成个数相等的两半	质点图问题	课堂回答问题

6. 参与者：赵同学（后测认知水平：R）

第 1 题：演讲比赛问题。

问：你原来选择中位数，现在怎么改选平均数了？

答：如果知道了每个人的分数，可能会存在极端值，因此需要去掉一个最高分和一个最低分，再求平均数，教材中有一个题目就是这样做的。

问：高于平均分就一定能进入决赛吗？

答：不一定。还是应该选择中位数。

赵同学受到平均数学习的影响，因为在比赛中，为了公平起见，往往去掉一个最高分和一个最低分，再取平均分作为最后的得分。在访谈过程中，他认识到了存在的问题，及时改变了想法。他对第2题和第3题的回答与第一次测试相同。

第4题：看电视时间问题。

问：上一次类似的题目你选择了平均数，现在怎么改选中位数了？

答：因为这组数据中有一个极端值256，中位数比平均数更能描述他看电视的时间。

问：平均数和中位数有什么区别？

答：平均数容易受到极端值的影响，而中位数不容易受到极端值的影响。

第5题：看电影观众人数问题。

赵同学认为看电影的观众人数这组数据有极端值，因此中位数比平均数能更好地反映平均水平。他片面强调了极端值对平均数的影响，因而采用中位数，而且他意识到中位数也是可以表示平均数水平的，但却没有注意到中位数没有反映观众人数为97和100这两天的情况。

对于第6题，运动会彩旗方队问题，赵同学的做法与第一次相同。

第7题：建筑物高度问题。

赵同学采用取平均数的方法估计出建筑物的高度。

$$\bar{x}=\frac{17+33+24+26+39+22+24}{7}\approx 26$$

第8题：生产机器数量问题。

与前测类似，赵同学仍不能采用平均数、中位数和众数去解决复杂的实际问题。他认为，应为8台，因为这个数是众数，说明大多数能够达到这个水平。

从以上回答中可以看出，赵同学已经认识到平均数和中位数在使用上的差别。不过，他对平均数的理解还不够深刻。

为了进一步考察赵同学对这三个概念的认识，以及经过数学史融入数学教学的实验后，是否对这些概念产生了新的认识，研究者继续访谈了以下的几个问题：

问：平均数、中位数和众数有什么相似之处？

答：它们都是取平均值，但平均数容易受到极端值的影响，中位数不容易受到极端值的影响。众数表示大多数的情况。

问：在这部分的学习中，你印象最深刻的什么？

答：中位数一节。

问：为什么这一节给你留下了深刻的印象？

答：这一节课，既做又讲，有讨论，还有故事。

他表示，他对中位数这一节的学习很感兴趣。老师首先提出汶川地震捐款问题，让他们动手操作，相互讨论，再让他们自由发言，最后还有中位数历史起源的情节。在学习单中，他阅读了航海贸易中的平均数之后，认为平均数体现了一种平均分配、公平、公正的思想。

从这个访谈中发现，赵同学认识到平均数、中位数和众数到反映了数据的平均情况，是一组数据的代表。因此可以把他的认知水平界定为R水平，他的认知发展总结见表7-24。

表7-24 赵同学认知发展总结

进步记录	进步原因	证据
为了避免极端值的影响，在计算平均分时可以去掉一个最高分和一个最低分	教材习题	第二次测试卷和第二次访谈
平均数和中位数都表示平均水平	不清楚	第二次访谈
平均数容易受到极端值的影响，中位数不容易受到极端值的影响	献爱心捐款问题、中位数的历史起源	第二次访谈
平均数的公平、公正思想	航海贸易中的平均数	课后学习单

7.2.3 教学实验前后学生认知发展的比较

通过对6名学生的个案研究表明，5名学生明显加强了对平均数、中位数和众数的理解，其中1个发展到了认知的最高水平，另外4个的认知水平也分别提高了1—3个层次（表7-25）。同时，通过对学生认知发展原因的探究，发现每个学生的进步记录都与本研究设计的数学活动有关，由此可见，数学史融入统计概念教学是促进学生认知发展的一个重要原因。然而，数学史融入统计教学的效果也并不都是明显的，有1个学生在整个教学过程中，认知水平依旧停留在原有的水平，这表明，数学史融入统计教学对于促进他的认知发展效果不明显。

表7-25 教学实验前后学生认知发展的比较

	U	M	T	R	A1	A2
杨同学		*			**	
江同学				*		**
赵同学			*	**		
尹同学	*	**				

续表

	U	M	T	R	A1	A2
陈同学		*				
柳同学			*		**	

注：*表示前测认知水平，**表示后测认知水平。

上述定量和定性分析的研究结果表明，数学史融入统计教学加强了学生对统计概念的理解，促进了学生认知的发展，表明这是一种卓有成效的教学方法。不过，本研究也表明，当把融入数学史作为一种教学手段时，并非所有学生的认知水平都得到明显提升，可能对某些学生来说收效甚微。但利用数学史素材设计的教学案例，可能也为学生创造了一种积极和有效的学习环境。

需要注意的是，数学史融入数学教学是一个长期的过程，很难在短期产生明显的效果，我们不能奢望学生在一夜之间获得较高的考试分数，但它确实可以让学生体验到学习数学是一个有意义的、充满活力的过程，从而使学习变得更容易和更深入（吴骏，2017）。

第8章 教师HPM教学的个案研究

本章通过数学史融入统计概念教学，考察HPM促进两位实验教师专业发展的过程，以及教师对SKT的使用情况。

8.1 HPM促进教师专业发展的过程

Y老师和Q老师两位教师资历较深，教学经验丰富，或许他们的学科知识（SMK）和学科教学知识（PCK）正是我们研究HPM介入的重要因素。两位教师在大学学习期间没有学习过数学史课程，职后也没有培训过，参与这种教学实验还是第一次。因此，在教学实验之前，研究者需要对老师进行HPM培训，主要包括HPM理论的学习和数学活动案例的讨论。

8.1.1 第一阶段：教学实验的准备

1. 实验教师对HPM的认识

在初次与Y老师联系教学实验之事时，Y老师表现出很高的热情。对于在课堂中运用数学史的情况，他说：

你提出这个话题时，我就很感兴趣。在数学教学中引入数学史会有好的效果，只是由于课时紧，如何用历史也不太清楚，如果硬塞进去的话，感觉数学史就有些多余。

教材中的数学史知识，偶尔会讲一些，但与教学的联系不是很紧密，涉及的数学家会做一些简单介绍。平时在教学中还是以数学知识为主，没有过多介绍数学史。

Y老师认为，在数学教学中运用数学史是很有意义的，对于培养学生对数学的理解很有好处。但是自己对数学史了解不多，平时只是对感兴趣的材料找来看看。他在上学期勾股定理的教学中也尝试运用了一些数学史知识，如会标、风吹芦苇、总统解法等，但没有把数学史融入数学教学单独作为一个教学方法来考察和研究。在研究者把“数据的代表”这一节的历史材料拿给他看时，他认为非常新颖，可以在课堂教学中做一些尝试，但如何设计教学活动使得学生能够接受，心中还没底。

在研究者第一次与 Q 老师联系时，她没有表现出像 Y 老师那样高的兴致，而表示要先了解这部分的历史。在阅读了研究者提供的历史材料之后，她说自己对这些历史不甚清楚，更不用说利用这些历史材料设计教学并在课堂教学中实施。Q 老师认为，数学史不过是讲点故事以吸引学生注意力，提高他们的兴趣，在本质上对学生的数学学习不会有太大的帮助。因此，她对在数学教学中运用数学史心存疑虑。

2. HPM 相关知识的学习

由于实验教师缺乏 HPM 知识，因此研究者为实验教师提供了 HPM 的相关资料，采取自己阅读和相互交流的形式进行学习。

1）学习 HPM 的理论：如 HPM 的历史渊源、HPM 的研究内容、历史发生原理等。

2）教学设计案例：如一元一次方程的教学设计、一元二次方程的教学设计等。

3）数学史融入数学的方法：附加式、复制式、顺应式和重构式。

4）观看比较成功的数学史融入数学教学的案例视频。

3. 讨论数学活动案例

研究者首先为两位老师提供了统计概念的历史资料，建议他们据此进行教学设计，但由于两位实验教师没有 HPM 基础，对数学史融入统计概念的教学设计存在困难。因此，研究者设计了基于历史的数学活动案例，并与两位老师进行了交流和讨论，在此基础上，再让他们各自完成具体的课堂教学设计。研究者与实验教师就这些教学案例进行了深入讨论，以下是其中 3 个教学案例的讨论片段。

【案例 1】某校八年级 50 名学生的数学测试成绩如下（总分：120 分），你能用较简单的方法估算出全班的总分吗？想一想，有哪些不同的方法？

112　86　106　84　100　105　98　102　94　107　87　112　94　94　99
90　120　98　95　119　108　100　96　115　111　104　95　108　111　105
104　107　119　107　93　102　98　112　112　99　92　102　93　84　94　94

100 90 84 114

研究者：这是由古印度估计树枝上树叶和果实数目的故事改编而来的。我们在教学中，应该把大数估计问题作为学生的认知起点，通过教学活动让学生再现这种方法，培养他们对平均数的直觉能力。平均数的发展不是先有了这个概念才来学习它，而是有了代表性的思想，再来计算平均数，最后才给出定义。

Y老师：把古代例子转换为现代例子，与学生实际相联系。古人已经会用平均数了，但没有出现这个名称，现在不过给它一个称呼而已。

Q老师：这个问题到底有哪些不同的方法呢？

Y老师：这个问题方法应该比较多，如取最大数和最小数的平均数作为这组数据的代表，再乘以50；取这组数据的众数，再乘以50；取这组数据的中位数数，再乘以50。这是一个发散思维的问题。不过，如果这样讨论的话，可能一节课都上不完。

Q老师：我们应该先把这些细节搞清楚，再考虑教学。先构思一下，我们能想到哪些方法？学生又能想到哪些方法？这样我们心中有数，才能驾驭得了课堂。但如果学生用排列的方法找中位数，就会很费时间。如何处理这样的问题？

研究者：学生只要说出中位数即可，有这样的思想就行，不必找出具体的数据。

Q老师：现在的学生思维很活跃，常常会有一些特殊的想法。我想，学生可能会按分数段划分，再选中一个平均分数段作为代表，这是可能想到的方法。

研究者：这是一个非常好的想法，与案例1历史背景中的方法一致，学生可能会想到这种方法。

从这个案例的讨论中可以看出，Y老师对平均数的历史背景已有一定的认识，提出了解决问题的一些基本方法，认识到了培养学生发散思维的重要性。Q老师更关注问题的解法，突出对学生学习的了解，而且提出了一个与历史相似的解法。

【案例2】如何描述八年级一个教室里学生鞋子的颜色？在投票表决中，当票数相对集中时，如何确定票数的代表性？众数一定是一个数字吗？

研究者：古代在选举问题中用的就是众数。该案例把众数的概念拓展到非数字类型，虽然超出了教材的要求，但学生并不难理解，而且在现实生活中有广泛的应用。

Q老师：众数一定是一个数字吗？这个案例要说明什么问题？

研究者：这是对教材的一个补充，教材众数中的众数全是数字类型。实际上，众数也可以表示非数字类型。

Q 老师：教材中不也有一个鞋子问题吗?

Y 老师：那是鞋子尺寸问题，尺寸是数字类型。

研究者：美国初中数学教材中就出现了非数字类型，只要出现的次数最多就行，不一定非是阿拉伯数字，如鞋子的颜色白色最多，则白色就是众数，再如电影的名称也不是数字。(两位老师认可)

Y 老师：对教材作适当拓展还是有必要的。

Q 老师：嗯(表示认同)。

在这个案例的讨论中，由于现实生活中有很多非数字类型的数据，因此两位老师均有拓展众数概念的意识。

【案例 3】求函数 $f(x)=|x-1|+|x-2|+|x-5|$ 的最小值。

研究者：从历史现象来看，大约 1755 年，波斯科维奇(R. Boscovich)在有关测量的误差工作中用到了中位数。他对一组观测值的最佳拟合直线方程附加了一个约束条件：绝对误差之和最小。简单说，就是对于一组观测数据 x_i，使 $\sum|x_i-a|$ 达到最小的 a 是这组数据的中位数。

Y 老师：这个题在高中教学会更合适。

研究者：在这里可以采用分段取绝对值的方法求解。

Y 老师：如果采用分类讨论则应到高中，初中学生讨论不出来。这种题目在高中经常出现，可以采用取绝对值的方法求最值，或者根据绝对值的几何意义可以看出。事实上，要使这三个绝对值之和最小，就应该在数轴上找到一点，使它到 1、2、5 的距离最短，就找到 $x=2$，即这三个数的中位数。

Q 老师：设计这个问题对教学有什么意义?

研究者：这是一道常见的函数最值题，通过去绝对值或根据绝对值的几何意义以求得最小值。但是，在平常教学中，我们忽视了对最值点及最值意义的阐释。用统计的观点看，最小值点是一组数据的中位数，取中位数时使绝对误差最小。通过历史现象设计这个问题，反映出中位数的本质，加强了学科之间的联系。

Q 老师：这种类型的题目在中考中绝对不会出现，没有必要给学生讲这个问题。

从这个案例的讨论中看出，Y 老师熟悉高中的教学，而 Q 老师强调中考要求，他们认为，这个题目的跨度太大了，学生不容易接受，而且超出了中考要求，他们也是在点破历史现象才明白，因此，他们否决了这个题目。这也反映出了研究者和中学老师合作交流的必要性。

在研究者与教师讨论教学活动之后，两位老师感受颇深：

Y 老师：现在的理解与原来不一样了，引入这些案例以后教学衔接更自然了，学生会有更多的收获。

Q 老师：我原来还以为（很高兴地笑起来）要在课堂上把数学史的发展过程讲给学生听，从现在的设计来看，数学史为教学的过渡作了一些铺垫工作，是对教材的一个补充和完善。

研究者考虑到两位老师可能担心历史融入法会影响教学效果，于是，提出疑问：在你们各自教学的两个班，是否一个班采用历史融入教学，另外一个班按照常规教学？

Q 老师：两个班都用历史融入法。这个内容我教过多次，现在我明显感觉得出用这个方法比以前的方法更好。

Y 老师：现在的处理方法是先让学生动手，再给出定义，这样比较符合学生的认知发展规律，效果一定会很好。

Y 老师在讨论过程中多次提到数形结合的思想，于是，在讨论案例结束之后研究者对此做了访谈：

研究者：你对数形结合的思想理解很深刻，是否与你高中的教学经历有关？

Y 老师：可能有关系吧，高中解析几何中数形结合更多，现在的案例中也有一些，如帽子平均数问题、质点中位数问题和一组数据与中位数的绝对值之和最小。

以上论述表明，Y 老师原本就有在数学教学中引入数学史的愿望，经过了 HPM 培训，特别是在讨论了教学中需要用到的案例之后，增强了他在数学教学中运用数学史的意识。而 Q 老师虽然一开始担心在教学中运用数学史会影响教学效果，当她了解了数学史如何融入教学后，认识到这种方法比她以前的教学方法更好，因而表现出了很大的热情。通过对各个教学案例的讨论，Y 老师和 Q 老师理解了统计概念的历史，领会了教学案例设计的意图。同时，我们也发现，Y 老师对数学史知识的理解更为深刻，他的学科知识更强一些；Q 老师更注重教学法的运用，她的学科教学知识更有优势。

8.1.2 第二阶段：教学实验的实施

前面通过对历史现象的分析，讨论了相关的教学活动，在此基础上，两位老师分别设计自己的课堂教学，虽然选取的数学活动一致，但由于每个人的教学风格不一样，在具体教学设计和实施中也存在一些差异。以下通过几个案例来说明 Y 老师与 Q 老师运用数学史的情况。

【案例 1】帽子平均数问题：一商店出售帽子，下图列出了该商店在前三个星期售出的帽子数。这家商店在第四个星期应该卖掉多少顶帽子，才能使售出帽子的平均数为 7？

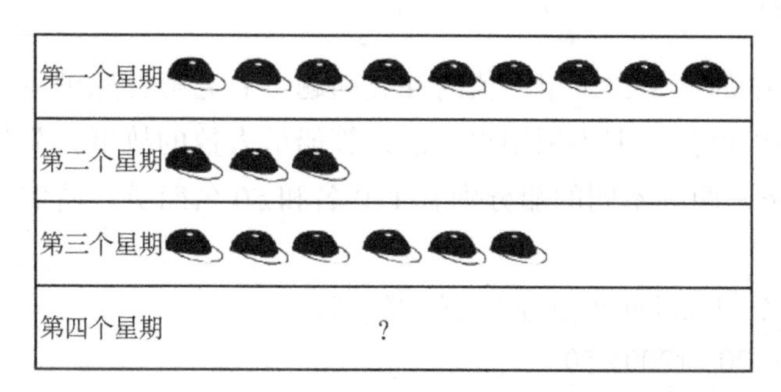

在 Q 老师教学的（4）班课堂上，学生经过讨论，提出了算术解法和方程解法之后，教师启发学生采用多种方法解题。

教师：如果不用上述方法，能否采用减多益少的方法从图示中直接得出？

学生：能。（继续讨论）

学生 1：把第一周 9 顶帽子中的 2 顶移到第二周中，则第二、三和四周各差 2、1 和 7 顶帽子，因此第四周还需要卖出 2+1+7=10 顶帽子。

学生 2：把第一周 9 顶帽子中的 3 顶移到第二周中，则前三周各差 1 顶帽子，再加上第四周差的 7 顶帽子，因此还需要卖出 10 顶帽子。

在 Y 老师的教学中，上一个案例是《九章算术》中的平分术问题，教师强调了“减多益少”的策略，因此对于该题的解答，学生并没有出现（4）班学生的前两种方法，而是得到和学生 1 类似的方法。Y 老师肯定了学生采用的“减多益少”的方法，但没有继续探究其他的方法。

这个案例反映出，Q 老师在看到学生采用常规方法而没有采用“减多益少”的方法后，才提醒学生考虑历史的方法。Y 老师强调历史方法“减多益少”的运用，而忽视了学生经常使用的一般方法。

【案例 2】探究公共汽车载客量问题：为了解 5 路公共汽车的运营情况，公交部门统计了某天 5 路公共汽车每个运行班次的载客量，得到下表。

载客量/人	组中值/人	频数/班次
$1 \leqslant x < 21$	11	3
$21 \leqslant x < 41$	31	5

续表

载客量/人	组中值/人	频数/班次
$41 \leqslant x < 61$	51	20
$61 \leqslant x < 81$	71	22
$81 \leqslant x < 101$	91	18
$101 \leqslant x < 121$	111	15

这是教材中的一个关于组中值的探究问题。Y老师首先讲述了在《伯罗奔尼撒人战争的历史》一书中利用组中值计算船员人数的故事：荷马给出了船的数目是1200条，两种不同的船分别有120名和50名船员，请估算出全体船员的人数。

学生对这个问题的回答出现2种错误情形：

1）$\dfrac{1200\times120+1200\times50}{1200}$。

2）$\dfrac{1200\times120+1200\times50}{120+50}$。

大部分学生给出了该题的正确解答：$\dfrac{1200\times120+1200\times50}{2}$，即$\dfrac{(120+50)}{2}\times1200$。在此基础上，教师再讲授上述探究问题时，对于一个数据不确定区间的代表，学生自然能够理解用两个端点的平均数作为该区间的估计值。

Q老师没有直接讲船员人数问题，而是把它作为一个背景，实现对组中值的探究。下面是发生在Q老师课堂教学中的一个片段：

教师：如何选出这个区间数据的代表？

学生：求平均数。

教师：如何求平均数？

学生：取这个区间两个端点的平均数。

教师：这个值我们称为组中值。能不能用中位数？

学生：不能，因为人数不确定，无法找到中位数。

教师：能不能用众数？

学生：不能，因为无法确定出现最多的人数。

教师：在第一组中，由于3个班次的人数不确定，只是介于$1\leqslant x<21$，因此无法求出该组数据的中位数和众数，但可以用$\dfrac{1+21}{2}$作为这个小组载客量的估计值，我们把它称为组中值，这样就解决了该小组载客量的问题。

从 Y 老师对这个探究问题的处理来看，他采用直接运用历史的方式，通过对学生错误解法的探讨，为组中值的探究奠定了基础。Y 老师认为，自己长期在高中教学，现在回头教初中，认为初中内容很简单，没想到这个问题学生还是有很多错误的理解，可以想象，如果不做这样的铺垫，学生在探究组中值时会更加困难。而 Q 老师则采用间接运用历史的方式，虽然教学中没有出现历史现象，但历史意蕴却在悄无声息中融入教学之中，很好地实现了对问题的探究。她说，我在上一轮的教学中，对这个问题就很困惑，教材中为什么要出现组中值？现在有了船员人数问题的背景，对组中值的探究就很有意义了。

【案例 3】献爱心捐款活动：在汶川大地震的捐款活动中，某校八年级（1）班第 3 小组 11 名同学的捐款数如下（单位：元）：1、1、2、2、3、4、1、5、8、10、80。这组数据的平均数能比较客观地反映全班同学捐款的“平均水平”吗？

Y 老师首先介绍了中位数的历史起源，让学生知道平均数对极端值具有敏感性，中位数的出现是为了替代平均数。之后，再讲述该案例，这样学生自然就明白平均数不能客观地反映全班同学捐款的“平均水平”，需要用中位数来代替。

Q 老师认为，如果先介绍中位数起源的历史，则学生在做该案例时自然会想到用中位数作为平均水平的代表，这就达不到激发学生学习动机的目的，因此，本节课先讲案例，让学生明白，在某些情况下，即当数据中存在极端值时，算术平均数可能没有意义，有时甚至产生误导。在这种情况下，就要介绍另一个表示集中趋势的统计量——中位数。

中位数和平均数的区别是这部分教学的重点，也是学生最容易犯错的地方。如何破解这一难题？两位老师采取的方法截然相反：Y 老师从历史现象出发，结合具体案例引入中位数；而 Q 老师则从具体案例出发，结合历史现象引入中位数。虽然两位老师采取的路径不同，但都已经能够利用已有的教学案例，结合数学史自行进行教学设计了。不过，Q 老师的方法更能发挥数学活动探索新知识的功能。

综上，Y 老师和 Q 老师在研究者提供历史素材的基础上，已经能够把数学史成功地融入数学教学中，但对历史的使用方式则不完全相同。事实上，历史的融入可能是显性的，也可能是隐性的。在历史的显性融入中，强调从历史角度勾画出一个粗略的但又或多或少精确的蓝图，以此引导这个主题的现代形式；在历史的隐性融入中，强调这个过程的重新设计、快捷方法和信号传递（Tzanakis and Arcavi，2000）。由此可见，Y 老师对历史的使用倾向于显性方式，而 Q 老师则倾向于隐性的方式。不过，虽然两位老师都能把数学史融入数学教学，但Q老师在处理数学史和教学内容的衔接上更为自然。

8.1.3 教学实验之后对两位实验老师的访谈

在整个教学实验结束之后，研究者就有关在数学教学中运用数学史的一些问题分别访谈了Y老师和Q老师。以下围绕访谈问题，把两位老师的访谈实录汇总如下。

问题1：运用数学史的态度（实验前后比较）

研究者：是否喜欢数学史?

Y老师：以前只是有点了解而已。通过这次教学实验，对数学史有了更深层次的了解，发现数学史很有用，很喜欢数学史。

Q老师：以前略知一二，理解不深刻，很粗浅，现在第一次尝试在数学教学中融入数学史，感觉很不错。

研究者：数学史知识对学生的学习有帮助吗?

Y老师：以前也有一些认识，但没有具体实施，因此看不到这种效果。通过在教学中融入数学史，对学生帮助很大，能提高学生的学习兴趣，对于初中生来说，只要有了学习的兴趣，学习的进步会很大。在数学教学中运用数学史，尤其是数学历史故事，学生会更感兴趣。

Q老师：在这之前，我认为数学史只是对知识的一个额外补充，没有思考过对学生的学习有多大的帮助，估计不会太大。在教学实验中，这些数学史知识不是单纯地以历史的形式出现，而是借助于案例来呈现，这些案例反映了历史的背景，对学生理解数学知识很有帮助。

研究者：具体帮助在哪些方面?

Q老师：数学史知识能激发学生的学习兴趣，对学生起到潜移默化的作用，如"减多益少"的思想，在后续的教学中也再次出现。

问题2：运用数学史的信念

研究者：在今后的教学中，是否愿意运用数学史?

Y老师：现在已经开了一个好头，很有收获。以后自己要有意识地收集史料，希望你也能提供一些。总之，有助于教学的事情可以多做一些。

Q老师：愿意。很有必要，我对此充满信心。这种渗透式的方法很好，它不是单纯地讲历史，而是以案例的形式把历史融进去，全部以历史的形式呈现是不行的。

研究者：数学史有助于教师更好地组织教学吗？

Y 老师：现在教材前后内容之间的联系比较松散，引入数学史使这些联系更加紧密了。

Q 老师：是的，我对中位数的教学体会更深刻。一般来说，中位数的教学是个难点，但采用献爱心捐款问题引入中位数，使中位数的学习成为必要，再通过质点问题，以“形”的形式帮助学生理解中位数的位置，最后，让学生阅读中位数的历史起源的材料，搞清楚概念的来龙去脉，深化了对概念的理解。学生有一种恍然大悟的感觉：“原来是这样啊！”

研究者：在这几个案例中，你最喜欢的是哪一个？

Y 老师：用平均数估计大数的问题很好。在古印度故事中，估计树枝上树叶和果实数目的问题就是找一个平均数来作代表，在不知不觉中运用了平均数。《九章算术》中“减多益少”问题也是找平均数，最直观的是帽子平均数问题，从形的角度容易看出哪里多了，哪里少了，就可以把多的补到少的上面。

问题 3：数学史的价值

研究者：数学史在数学教学中起到什么作用？

Y 老师：数学史对教学是一种辅助功能，它能增进学生对历史的了解，培养他们的学习兴趣，调动他们学习的主动性。

Q 老师：主要是辅助作用，还有拓展知识的作用。如中位数质点图的案例，从形状上区分了中位数的位置，有助于对中位数概念的理解。还有众数的非数字类型，如电影的名称、鞋子的颜色、水果等，其众数就是非数字类型。

问题 4：教师的作用

研究者：在数学教学中运用数学史，教师起到什么作用？

Y 老师：在这些活动中，教师引导，学生揣摩，教师再点拨，加深学生对概念的理解。

Q 老师：教师引导学生探究，激发学生的课堂讨论热情，提高学生学习的积极性。

研究者：你这部分的教学与以前的教学有什么区别？

Y 老师：有些不同，最起码的一点是让学生动起来，原来的活动没有现在的多。

问题 5：影响因素

研究者：影响教师运用数学史的因素有哪些？

Y 老师：主要就是课时问题，现在课时比较紧，运用数学史后课时增加了。

另外，现有的数学史资料有限，缺乏在数学教学中可用的素材，若能提供现成的数学史教学设计，将会有更多的老师投入到这项研究中来。

Q老师：如何进行教学设计是最关键的。一般来说，有人会认为，在数学教学中运用数学史，就是要把数学史材料作为一种教学内容，这是一个误区，我原来也这么认为。事实上，有些历史材料是直接运用的，而有些则是在教学活动中渗透了历史，用到了历史，但却没有看到历史，在悄无声息中融入了历史。

研究者：你认为在教学中运用数学史有哪些困难?

Q老师：历史素材的缺乏及如何把史料设计成可用的教学材料是目前存在的困难。历史不一定以原材料呈现，可以用渗透了历史背景的案例再现。历史材料太多，会让学生应接不暇，增加负担，更何况有些历史背景是学生不熟悉甚至是不喜欢的。

问题6：效果评价

研究者：你认为应该如何评价数学教师是否在数学教学中有效地运用了数学史?

Y老师：不一定非要讲历史，有时候一个例题背后就已经隐含了数学史，关键是历史是否与现实有效地结合。众数一节内容，历史有故事情节，直接引入增加趣味性。平均数、中位数和众数的选择使用一节内容就是把历史融合在教学之中。教学中可以直接引用历史，也可以使用历史背景下的现实问题。

Q老师：学生能力得到提高，能灵活解决问题。从作业来看，并没有太大的变化。我认为，数学史融入教学短期看并没有明显的变化，它对思想的影响是潜在的。

研究者：你认为在数学教学中运用数学史后，学生的考试成绩一定比不用数学史班级学生的考试成绩好吗?

Y老师：那不一定。因为现在的学生会懂得课本之外的一些知识，还有些家长给学生请了家教，这样学生的学习成绩就不好衡量了，但运用了数学史后，学生的总体素质会得到提高，长远来看，对学生的学习是有帮助的。我认为，从小学就应该讲数学史，但运用的层次可能会更低，融入的度和量要把握好。其实，对数学史深层次的运用就要了解历史，仔细思考，一旦揣摩出来，就会感觉到数学史的运用确实很有价值。

问题7：数学专业知识的变化

研究者：通过这次教学实验，你的数学专业知识发生了哪些变化?

Y老师：了解了相关内容的数学史知识，发现教材中很多内容都是与数学史有关联的。在原来的教学中看不到历史背景，只会单纯地讲授数学内容，现在通过教学案例与数学史联系起来，学生就很容易理解了。

Q 老师：拓展了数学知识，如平均数的补偿性、平均数可能是一个在现实情景中没有实际意义的小数等。

问题 8：教学法知识的变化

研究者：通过这次教学实验，你的教学法知识发生了哪些变化？

Y 老师：数学史的运用，使得教学知识的过渡更为自然，前后衔接更合理，教学更为丰富多彩，提高了课堂教学效率。增强了对学生的了解，发现学生其实对数学很感兴趣。从学生的角度来看，他会学得更轻松，能独立思考问题。如何在教学中更好地融入数学史是一个很有意义的问题，以后在教学中还要进一步探索。

Q 老师：学生上课非常活跃，回答问题很积极，经常提出各种各样的问题，使我对学生学习情况的了解更深入了。原来的课堂教学讲授稍多，现在主要以启发和探究为主。

从以上访谈可以看出，两位教师对教学实验予以了充分的肯定。访谈结束之后不久，Q 老师说，在方差这部分的教学中，发生了一件让她很惊讶也很兴奋的事。方差这部分有一道练习题。

用条形图表示下列各组数据，计算并比较它们的平均数和方差，体会方差是怎样刻画数据的波动程度的。

1）6　6　6　6　6　6　6

2）5　5　6　6　6　7　7

3）3　3　4　6　8　9　9

4）3　3　3　6　9　9　9

由于题目比较简单，Q 老师采取直接提问的方式教学。意想不到的是，从第（2）题开始，有学生居然想到了用“减多益少”的方法求平均数。到了第（3）和（4）题，采用这种方法的学生更多了。显然，这个问题中，用“减多益少”的方法求平均数更为简单。这彻底改变了 Q 老师对数学教学中运用数学史的看法，完全拜服于对数学史的运用。当 Q 老师告诉研究者时，她那高兴的神态已经表明，数学史融入数学教学是一件很有意义的事情。

8.1.4　两位老师专业发展过程的比较

1. 两位老师专业发展过程的异同

HPM 介入教学后，Y 老师和 Q 老师的专业发展过程基本相同，大体可以分为教学实验的准备和教学实验的实施两个阶段。在本次实验之前，Y 老师已经认识到数学史的价值，有意识地在数学教学中融入数学史。通过 HPM 的培训，他对 HPM 已经有很高的期待了，等待教学实践的检验。在教学实践过程中，他从 HPM 出发，有机地结合了 SMK，但过分注重数学史的面向，而对 PCK 的连接不够紧密，因此数学史的融入显得有些机械，不够自然。

Q 老师在教学实验之前没有运用数学史的意识，通过对 HPM 知识的学习，尤其是理解了数学活动中的数学史之后，她对数学史的运用表现出了很高的热情。在教学实验过程中，她从 HPM 出发，运用自己的 PCK 优势，注重数学史与教材、学生认知的配合，从容地在数学教学中融入了数学史。

从前面的论述可以发现，Y 老师和 Q 老师基于 HPM 的专业发展各有特色。对于 Y 老师来说，高中教学的经历和深厚的 SMK 是他的发展之基。他能较好地理解教学主题的数学史知识，将 SMK 和 HPM 结合起来。

对 Q 老师而言，初中数学教学的丰富经验与成熟的 PCK 是她专业发展的两个重要因素。因而她在学习了 HPM 知识与数学史知识之后，能从容地把数学史融入数学教学中。尽管一开始她对数学史理解不深刻，然而，一旦她发现 HPM 有助于她的 PCK 发展之后，她就很快掌握了 PCK 结合 HPM 的窍门。

洪万生（2005）认为，利用 HPM 引动教师专业发展时，其成效或许是 PCK 和 HPM 的一种线性组合：$\lambda PCK+\mu HPM$。其中 λ 和 μ 都是非负数，而且 $\lambda+\mu=1$。本节研究表明，教师的 SMK 也是一个不可忽视的因素。SMK 和 PCK 是教师专业发展应有的基本素养，同时，HPM 被视为教师的一种特殊素养，因此，利用 HPM 促进教师专业发展时，其成效或许是 SMK、PCK 和 HPM 的一种线性组合：$\lambda SMK+\mu PCK+\nu HPM$。其中 λ、μ 和 ν 都是非负数，而且 $\lambda+\mu+\nu=1$。在这种情况下，Y 老师一开始的 λ 比 ν 大，Q 老师则是 μ 比 ν 大。到最后，他们两人都能各自找到这种线性组合的平衡点，最终走向 SMK、PCK 和 HPM 结合之路。

2. 两位老师专业发展过程中态度的变化

学史介入教学，两位教师对 HPM 的态度也发生了明显变化。在教学实验之前，Y 老师认为数学史很有趣，但未掌握数学史融入教学的方法；经过 HPM 培训和讨论了教学活动案例之后，他表示愿意在数学教学中运用数学史；在教学实验的过程中，他通过对数学活动案例的教学，完全认可了在数学教学中融入数学史的观念，如在估计数学测验的总分中他认识到了培养学生思维的重要性，在帽子平均数问题和质点中位数问题中，他体会到了数形结合的直观性，在数城墙砖块数目的故事中，他感受到了在数学教学中讲故事的趣味性，等等。这一过程可表述为：有趣—愿意—认可。

Q 老师在教学实验之前对数学史不甚了解，不相信数学史对学生的学习会有帮助；在教学实验准备阶段，她学习了 HPM 的相关知识，了解了教学中使用的数学活动案例，打消了顾虑，开始接受在数学教学中运用数学史；在教学实验过程中，在利用学生身高和体重问题引入加权平均数的案例中，她感到这样从算术平均数到加权平均数的过渡更为自然，利用估计船员人数问题引出了对公共汽车载客量问题的探究，利用献爱心捐款活动问题探索了中位数替代平均数的原因，这些案例解决了她以前在教学中存在的困惑，从而使她越来越愿意在教学中运用数学史；教学实验结束之后，在后续方差的教学中，学生在求平均数问题时，脱口而出的“减多益少”方法完全出乎她的意料，使她感到无比的兴奋，完全被数学史的魅力所征服。这一过程可表述为：质疑—接受—乐意—兴奋。

8.1.5　从诠释学循环看教师的专业发展过程

德国学者扬克最早提出诠释学循环模式（图 8-1）（Jahnke，1994）。他认为，当教师将数学史引入教学活动时，就有必要了解数学史家的相关观点，因此，教师在次圈中进行自己的历史诠释时，应设想自己进入另一时代、另一文化的数学家心灵之中，从而对数学知识做出自己的诠释，而这种诠释反过来又促进了对数学史家诠释结果的理解。因此，在 HPM 的引导下，教师可以帮助学生从外围的次圈走向内围的初圈，再从初圈返回次圈，如此构成一个所谓的诠释学循环。在这个循环过程中，由于教学目标是数学知识，因此初圈的操作受到次圈的主导，从而可以保证在数学教学活动中不会迷失在漫无目的的琐碎历史细节之中。

洪万生（2005）根据扬克的观点提出了数学教学的诠释学循环（图 8-2）。教材编写者（E）、课程标准（S）、数学知识（K）和教科书内容（C）构成初圈；教师（T）、诠释教材内容（I）和初圈构成次圈。他认为，一个教师在次圈中诠释教材内容时，需要与教材编写者对话，必然会进入初圈；通过对初圈进行诠释，确定教学内容知识，返回次圈，完成一个诠释学循环。若加入数学史成分，则教师进入初圈循环时，会与数学对象的创造者进行“对话”，从而发展出具有数学史的教学内容。

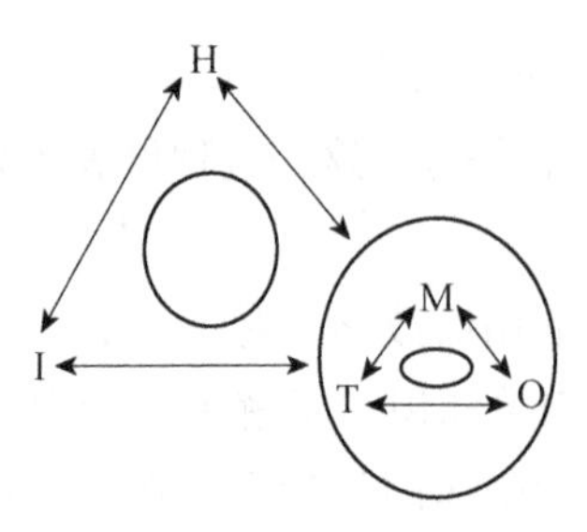

图 8-1　数学史的诠释学循环

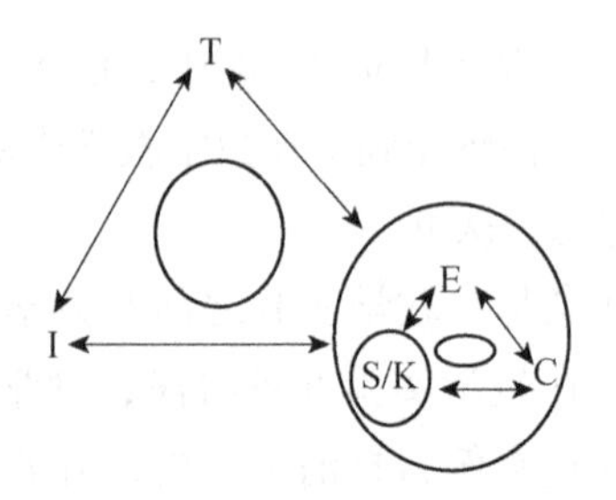

图 8-2　数学教学的诠释学循环

洪万生认为，一个推崇 HPM 的教师，他的身份兼具了教师（T）和数学史家（H）。用 C_1 表示教科书编写者、课程标准、数学知识和教科书内容构成的初圈，C_2 表示古代数学家、数学内容和数学理论构成的另一个初圈，再将 C_1 和 C_2 各自缩为一点，并把图 8-1 和图 8-2 中的两个顶点重叠，用 T 表示，则构建出一个诠释学循环四面体。我们用该模型来刻画 Y 老师和 Q 老师的 HPM 教学进程，见图 8-3 和图 8-4 所示。由于两位教师资历较深，对数学史知之不多，因此四面体模型的规模取决于初圈 C_2。在这个模型中，C_1 和 C_2 之间如何连接，反映了数学史和数学教学结合的程度。教师在 C_1 和 C_2 这两个初圈之间的进出，乃至促成它们的“对话”，正是推崇 HPM 的教师所追求的目标。

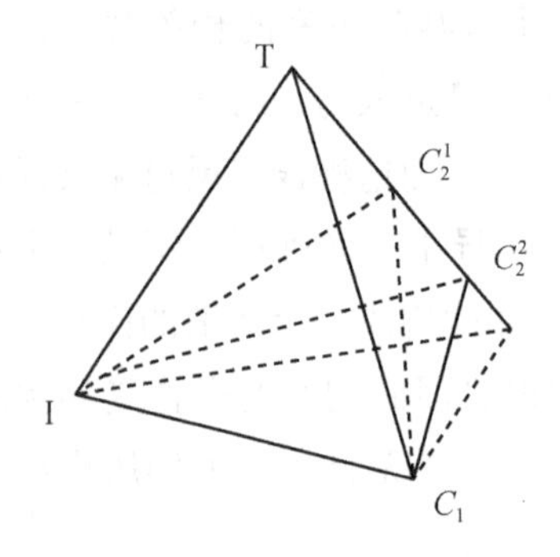

图 8-3　Y 老师 HPM 教学的四面体模型

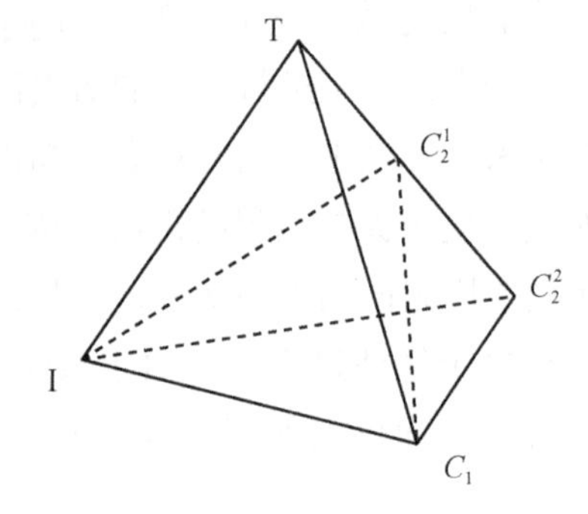

图 8-4　Q 老师 HPM 教学的四面体模型

根据图 8-3，在 Y 老师的第一阶段，HPM 与 SMK 有一定的连接，但与 PCK 并未真正结合，因此 C_1 和 C_2 之间尚未形成真正的连接，其间的关系可以用一条虚线来表示，其中 C_2^1 表示第一阶段的 C_2。在他的第二阶段，C_1 和 C_2 之间已经开始“对话”了，但规模还不是很大，可用四面体 $T-IC_1C_2^2$ 来表示，其中 C_2^2 表示第二阶段的 C_2。

在图 8-4 中，用 C_2^1 表示 Q 老师第一阶段所具有的 C_2，此时 C_2^1 和 C_1 并没有真正连接，因此还是用一条虚线来表示。用 C_2^2 表示 Q 老师第二阶段的 C_2，此时，C_1 和 C_2 之间已经有“对话”了，并具有一定的规模，可以用四面体 $T-IC_1C_2^2$ 来表示。

数学史融入的过程是数学史从历史形态走向教学形态的过程，实际上也是教师诠释、加工、再创造数学史的过程。从上面诠释学四面体模型看到，HPM 对教师教学的促进作用是不相同的，这可能是由教师运用数学史的进路不同所造成的。Y 老师喜欢从数学史开始，思考融入数学教学的合适角度，但他过分强调了数学史的面向，而对学生的认知和心理关注不够，没有考量数学史料对学生的适切性。Y 老师采取的教学路径可以表示为：T−C_2−I−C_1−I−T。图 8-5 中 C_2 和 I 之间用单向箭头表示。

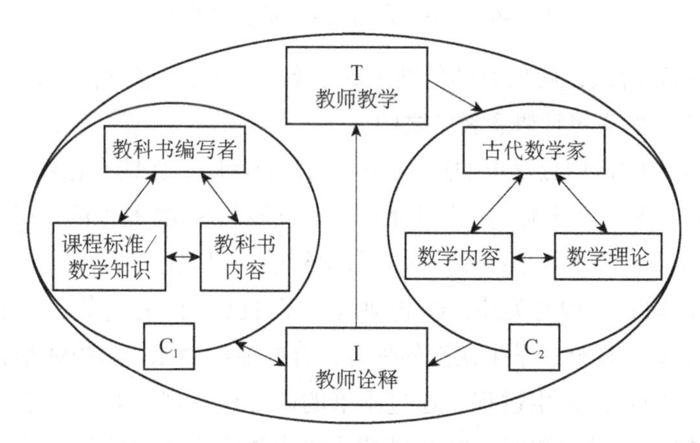

图 8-5　Y 老师运用数学史的教学模式

Q 老师从教科书出发，寻求用于教学的数学史。她认识到 HPM 的教学目的是帮助学生学习数学，而不是学习数学史。因此，她在教学过程中，反复思考 C_1 和 C_2 之间的联系，在教材的逻辑结构、学生的认知心理和数学史之间取得了平衡。Q 老师采取的教学路径可以表示为：T−C_1−I−C_2−I−C_1−I−T。图 8-6 中 C_2 和 I 之间用双向箭头表示。弗赖登塔尔指出，“我们不应该完全遵循发明者的历史足迹，而是经过改良过同时有更好引导的历史过程”（Freudenthal, 1973）。Q 老师正是在教学过程中遇到问题，进而寻求数学史料的帮助，从而改善了自己的课堂教学。

两位教师的 HPM 教学表明，HPM 促进了教师教学的发展。两位教师的 HPM 教学分为教学准备和教学实施两个阶段，数学史与数学教学的诠释学循环经历了从分离到融合的过程。在教学准备阶段，两位教师从 HPM 出发，了解了统计概念的历史，加强了对统计概念的理解，不过，数学史与教学仍处于分离状

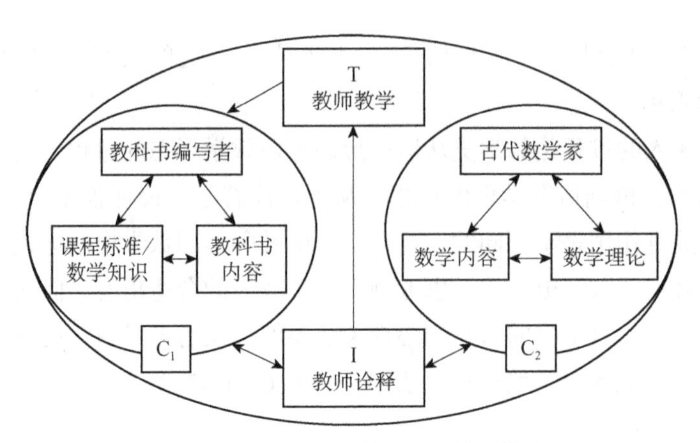

图 8-6　Q 老师运用数学史的教学模式

态。在教学实施阶段，两位教师借助于教学案例，有机地结合了自己的 SMK 和 PCK，把数学史融入统计概念教学之中。

尽管两位教师运用数学史的进路不同，诠释学循环模型还是深刻地刻画了教师教学发展的过程。Y 老师高中教学的经历和深厚的 SMK 是他的发展之基，他喜欢从数学史开始，寻求合适的角度融入数学教学，但他过分强调数学史的面向，缺乏对学生认知和心理的关注；Q 老师则发挥自己的 PCK 优势，从教学内容出发，注重数学史与教材、学生认知的配合，有机地把 PCK 与 HPM 结合起来，较好地呈现知识的自然发生过程。通过本书的研究也发现，对于一个资深教师而言，一旦掌握了数学史知识，PCK 就成为决定数学史运用的关键（吴骏和汪晓勤，2016）。

8.2　HPM 促进教师 SKT 的发展

8.2.1　教学需要的统计知识

用于教学的数学知识（mathematics knowledge for teaching，MKT）指从事数学教学工作所需要的数学知识，是巴勒（Ball）与同事在舒尔曼（Shulman，1986，1987）教学内容知识的基础上提出的。MKT 主要包括四个方面：一般内容知识（common content knowledge，CCK）、专门内容知识（specialized content knowledge，SCK）、内容与学生的知识（knowledge of content and student，KCS）和内容与教学的知识（knowledge of content and teaching，KCT。

根据舒尔曼对知识的划分，前两个方面称为学科知识（subject matter knowledge，SMK），后两个方面称为学科教学知识（pedagogical content knowledge，PCK）。

CCK 代表一般内容知识，指“受过良好教育的成人所具备的数学知识和技能”（Ball et al.，2005：22），这类知识不是教学所独有的，因为其在教学工作中的使用方式与其他许多职业使用的方式均相同（Hill et al.，2008：377）。一般内容知识是一种“纯”的数学知识，与教学知识和学生知识没有关系。

SCK 代表专门内容知识，指“教学所独有的一类数学知识和技能，其他非教学工作中并不需要”（Ball et al.，2008：400）。教师在分析学生的错误，或在判断非标准的算法是否可以推广的时候，不仅要判断学生呈现的计算结果是否正确，更为重要的是，还要判断学生使用的方法是否合理。倘若学生的方法不合理，教师还要进一步了解“不合理”的具体原因；倘若学生创造出了一种新方法，教师还要思考这种方法的可推广性（黄兴丰，2009）。CCK 通常描述的是“是什么”“是怎样的”，而 SCK 则要求解释“为什么”。拥有 CCK 可知其然，拥有 SCK 则不仅知其然，而且知其所以然。因此，SCK 比 CCK 处于更高一级的水平。

KCS 代表内容与学生的知识，指把关于学生和数学这两个方面的知识交叉组织在一起，形成一种实践性知识（Hill et al.，2008）。教师必须能估计学生可能的想法，可能遇到的困难。在举例的时候，要考虑到学生对此是否感兴趣。在布置任务的时候，要考虑到学生可能的做法，也要考虑任务的难度对学生是否合适。教师必须学会倾听学生的解释，领会学生各种尚不成熟的想法。所有这些任务不但需要教师理解具体的数学内容，而且还要了解学生以及他们的数学思维方式。

KCT 代表内容与教学的知识，是指“由教学的知识和内容的知识组合而成的一类用于教学实践的知识”，许多数学任务需要教学设计的知识。譬如，教师安排数学内容的教学顺序，先选择哪些例子引入教学，然后再选择哪些例子加深学生的理解。再有，教师应当有能力估计概念表征所起到的正反两方面的教学作用，了解不同的数学方法和过程所能提供的教学意义。这每一项任务不但需要教师理解具体的数学内容，而且也需要他们理解教学的原理，并同时把这两种知识运用到具体的数学任务中去。

由于数学学习和统计学习的差异性，特别是根据统计数据得到的结论具有不确定性，因此上述 MKT 分类并不一定适合于统计的教学。不过，一些学者基于 MKT 框架调查了与统计有关的教师知识，并取得了很好的效果（Groth，2007；Burgess，2009，2011；Noll，2011）。鉴于此，本书仍采用上述知识分类，结合统计教学特点，考察在数学史融入统计概念教学的过程中，教师对 SKT 的使用情况。

8.2.2 实验教师教学需要的统计知识

在实验教师上完每一节课后，研究者都对上课教师进行了访谈。由于研究者单个对教师的教学行为作出解释是片面的，因此研究者还就数学活动案例的教学片段与上课教师进行了交流，以克服研究者独立作出解释的局限性。也就是说，下面关于教师 SKT 的描述是由研究者和教师共同作出的解释。教师在回忆教学片段和接受访谈的过程中，也意识到自己的不足，并积极反思，促进了 SKT 的发展。在课堂教学中，有四类发生的情景与教师知识有关（Burgess，2009，2011）。第一，从课堂教学片段或访谈中可以直接识别的教师知识，用灰色表示；第二，教师在教学中间接使用的知识，用深色网格表示；第三，教师在教学中没有要求使用的知识，用空白单元格表示；第四，教师和学生在互动过程中，会发生一些偶发事件，或由于某种原因导致教师知识出现缺失，这种现象称为“错失机会”（missed opportunity），用字母 M 表示。我们利用上述设计的教学案例，分析了两位教师 SKT 的使用情况，见表 8-1 和表 8-2（吴骏和赵锐，2014）。

表 8-1 Y 老师的统计教学知识

基于数学史的教学案例	统计教学知识（SKT）			
	学科知识（SMK）		学科教学知识（PCK）	
	一般内容知识（CCK）	专门内容知识（SCK）	内容与学生的知识（KCS）	内容与教学的知识（KCT）
估计数学测验的总分				
《九章算术》中的平分术				M
帽子平均数问题				M
身高和体重问题				M
公共汽车载客量				M
货币检查箱试验				
献爱心捐款活动			M	
质点中位数			M	
城墙砖块层数				
鞋子的颜色				
员工工资问题			M	

（灰色）表示直接使用的知识　（深色）表示间接使用的知识
（空白）表示没有使用的知识　M 表示错失机会，下同

表 8-2　Q 老师的统计教学知识

基于数学史的教学案例	统计教学知识（SKT）			
	学科知识（SMK）		学科教学知识（PCK）	
	一般内容知识（CCK）	专门内容知识（SCK）	内容与学生的知识（KCS）	内容与教学的知识（KCT）
估计数学测验的总分				
《九章算术》中的平分术				
帽子平均数问题				M
身高和体重问题				
公共汽车载客量				
货币检查箱试验				
献爱心捐款活动				
质点中位数			M	
城墙砖块层数				
鞋子的颜色			M	
员工工资问题				

从表 8-1 和表 8-2 可以看出，数学史介入教学后，Y 老师和 Q 老师都直接使用了 SKT 的四个主要成分，SCK 是唯一需要从其他知识推断出来的知识，Y 老师和 Q 老师间接使用 SCK 的教学案例个数分别为 3 个和 5 个。在估计数学测验的总分、身高和体重问题、员工工资问题这三个案例的教学中，两位教师采用隐性的方式把数学历史发生的思想融入教学之中，SCK 可以从教学活动中间接推断出来。在公共汽车载客量和献爱心捐款活动这两个案例的教学中，两位教师存在明显差异：Y 老师直接讲述案例设计的历史背景知识，为这两个案例的学习奠定基础，SCK 呈现明显的证据；而 Q 老师则把历史意蕴悄无声息地融入教学之中，SCK 呈隐性形式，但可以从教学活动中体现出来。

两位老师没有被识别的知识体现在 SCK，其案例为城墙砖块层数和货币检查箱试验。这是两个来自数学历史上的故事，前者用于引入众数概念，内容相对简单；后者探讨用样本平均数估计总体平均数，涉及的抽样方法学生在上学期已学过。这两个案例没有识别出教师相应的 SCK，这类知识也可以看作是不需要的。

两位老师的 SKT 存在不同程度的知识缺失，而且集中表现于 PCK。Y 老师的 KCS 和 KCT 分别出现 3 次和 4 次缺失，而 Q 老师的 KCS 和 KCT 分别出现 2 次和 1 次缺失。教师知识缺失可能归因于两点：①在统计教学中融入数学史，需要掌握一些融入的方法和技巧，这与平时的教学大为不同，教师在短时期内难以适应，因而导致了教师 KCT 的缺失；②数学史融入统计教学，丰富了课堂活动，激发了学生思维，而教师对学生的潜力估计不足，导致教师 KCS 的缺失。在调查中发现，两位教师知识缺失的差异可能与他们的教学经历有关。Y 老师长期从事高中数学教学，重视对知识的理解，他的 SMK 更强一些，但对学生的学习情况关注不够；Q 老师初中教学经验丰富，比较熟悉学生的特点，注重教学法的运用，她的 PCK 更有优势。从两位教师的知识缺失可以看出，在数学史融入教学的过程中，教师的 PCK 对 HPM 起到了非常重要的促进作用。下面对教师在数学教学活动中使用 SKT 的案例进行分析。

1. 估计数学测验的总分

Y 老师在课前讨论时认为，学生可能会采用中位数和众数估计总分，但按照分数段求平均数可能会有困难（KCS）。在课堂教学中，当学生回答用中位数或众数估计总分时，Y 老师引导学生回忆“什么是众数？什么是中位数？小学学习过这两个概念吗？它们是如何表述的？”（CCK）当 Y 老师评估学生采用方法的合理性时，必然意识到这是对总分的一个估计，不必算出精确值，因而可以推断他知道可以用集中量数的统计量估计总数（SCK）。Y 老师课后认为，该节是本章的第一节课，理应复习一下小学学习过的平均数、中位数和众数概念，而该案例正好起到了这个作用，这比单纯复习概念效果要好（KCT）。

Q 老师认为，我们应该先构思一下，我们能想到哪些方法？学生又能想到哪些方法？这样我们心中有数，才能驾驭课堂（KCT）。现在的学生思维很活跃，常常会有一些特殊的想法。除了用中位数和众数估计总分外，学生可能会按分数段划分，再选中一个平均大小的分数段作为代表，这是可能想到的（KCS）。在讲授案例 1 之前，师生有一段对话：

教师：我们在小学有没有学过平均数？

学生：学过。

教师：如果给定一组数据，如何求出这组数据的平均数？

学生：把它们加起来，再除以这组数据的个数。

在对话过程中，教师和学生已经知道了如何计算平均数（CCK）。在对案例 1 的讨论中，学生提出了各种各样的方法，有些已经超出了教师课前的预设。不过，Q 老师能正确引导学生评估各种方法的优劣性，可以推断，她已经知道，作为数据的代表，这个数不能太大也不能太小，这样求出来的总数才接近实际数目（SCK）。

2. 《九章算术》中的平分术

Y 老师认为，教学的关键是如何找出多余的数，再补到少的数上，减多少，补多少，这是教学的难点，也是一个重要的思维过程（KCT）。学生可能会先求平均数，再实施“减多益少”的方法（KCS）。在学生讨论之后，有下面的对话：

教师：减多益少就是从大的数中减去一个数加到小的数上，使得三个数都相等（SCK）。这个题目如何做？

学生 1：先通分，这三个数为：$\frac{4}{12}$，$\frac{8}{12}$，$\frac{9}{12}$。因为后面的两个数较大，所以从$\frac{8}{12}$减去$\frac{1}{12}$，从$\frac{9}{12}$减去$\frac{2}{12}$，加到$\frac{4}{12}$上，使得它们都相等。

Y 老师对此进行了解释，并通过减多益少计算后三个数的平均数为$\frac{7}{12}$（CCK）。在上述对话中，教师首先解释了减多益少，才让学生回答问题。这样教师错失了让学生在实践中理解减多益少意义的机会，把学生的思维禁锢在了已有的模式里（KCT：M）。

Q 老师认为，学生对减多益少容易理解，有困难的可能是“各几何而平”，其中的关键是“平”，即各减去多少才能达到平均数（KCS）。在 Q 老师的课堂上，教师先让学生讨论古文的翻译，再解释“减多益少”及对“平”的理解。学生采用通分求出平均数，再把大的数减去一个数补到小的数上。教师进一步解释学生的做法：$\frac{1}{3}$、$\frac{2}{3}$、$\frac{3}{4}$通分变成分母为 12 的分数：$\frac{4}{12}$、$\frac{8}{12}$、$\frac{9}{12}$。其平均数为$\frac{4+8+9}{12}\div 3=\frac{7}{12}$（CCK），因此，可以用大的数减去平均数补到小的数上。

学生的回答似乎只有这么一种方法，他们首先想到的是通分，而不是“减多益少”。于是，教师引导学生观察数据的大小，不求平均数，而直接采取“减多益少”的方法求解（KCT），即从$\frac{8}{12}$中减去$\frac{1}{12}$，$\frac{9}{12}$中减去$\frac{2}{12}$，将$\frac{2}{12}+\frac{1}{12}$加到$\frac{1}{3}$上，得到它们的平均数为$\frac{7}{12}$（SCK）。

3. 帽子平均数问题

在 Y 老师的班上，一个学生提出了如下的方法：第一周卖出 9 顶帽子，因为平均数为 7，故从 9 顶中取出 2 顶，第二、三周各放 1 顶，则第一、三周均为 7 顶，而第二、四周还差 3 顶和 7 顶，故第四周需要卖出 10 顶帽子。Y 老师说，你采用的就是减多益少的方法（SCK），通过把多的补到少的上面，使得卖出帽子的平均数为 7（CCK）。教师解释了该学生采用的“减多益少”的方法（KCS），并借助于多媒体，采用直观的图形对全班学生继续演示减多益少的方法（KCT）。不过，由于下课铃声响起，教师错过了让学生探究其他方法的机会（KCT：M）。

在 Q 老师的班上，学生首先给出了两种方法，教师称之为算术法和方程法（CCK），但发现并没有出现“减多益少”的方法，于是，教师转而求助于数学史（KCT），提出如下问题：如果不用上述方法，能否采用“减多益少”的方法从图示中直接得出？学生讨论之后，提出了更为简洁和直观的“减多益少”方法，教师利用多媒体直观地呈现了学生的解法。在这个提问过程中，教师提示学生采用“减多益少”的方法，实际上错失了让学生自己提出“减多益少”方法的机会（KCT：M）。课后，Q 老师说，学生大多想到用算术和方程方法解决这个问题（KCS），而该题是上题的延伸，可以用“减多益少”的思想来解决（SCK），但学生可能想不起这个方法（KCS）。

4. 身高和体重的问题

Y 老师认为，学生在学习加权平均数时，对“权”的理解比较困难（KCS）。在教学中，他根据数据收集、整理、描述和分析来组织教学（KCT）。如何从算术平均数过渡到加权平均数？Y 老师提出问题：“仔细观察图形，每个体重各出现几次？”根据体重的次数可以把算术平均数简化，得到体重的加权平均数，并据此给出加权平均数的定义（CCK）。不过，在描述数据时，Y 老师根据古希腊用线条表示数的方法，直接呈现了体重的线条示意图，错失了让学生独立选用图形描述数据的机会（KCT：M）。

Q 老师收集了学生身高和体重的数据，并把这些数据用表格的形式加以整理，为讲授加权平均数做准备。下面是发生在课堂上的一段对话。

教师：你能求出学生体重这组数据的平均数吗？

学生：把这些数据全部加起来，除以它们的个数。

教师：有没有更简单的方法？

学生：不必一一相加，而把相同的体重乘以它的频数，再相加。

Q 老师引导学生观察体重分布条形统计图，总结得出体重数据的加权平均数公式，进而给出频数分布的加权平均数定义（CCK）。她认为，学生理解加权平均数存在困难，尤其对权的意义不理解（KCS）。在这个案例中，Q 老师借助历史引入加权平均数的概念，但却没有直接呈现历史。她说，我很喜欢这个案例，它比教材上的耕地问题更接近于学生的实际，引入加权平均数更为自然，特别是能从条形图上很直观地看出频数（KCT）。

5. 探究公共汽车的载客量

Y 老师在探究问题之前，首先引入了估算船员人数的问题。通过课堂提问，教师了解了学生对这个问题的回答（KCS），并说明求两个极值的平均数作为这个取值范围的估计值（SCK）。在此基础上，教师再讲授上述探究问题（KCT）。不过，教师在引导学生探究公共汽车的载客量问题时，定义了一个区间上两个极端值的平均数为组中值（CCK），但却未探究为什么组中值可以作为这个区间的估计值（KCT：M）。

Q 老师说，这个问题在教材中是探究问题，但却没有体现出探究的意义，如没有介绍为什么要用组中值、组中值为什么可以是区间数据的代表。这是教师和学生都感到困惑的地方（KCS）。Q 老师没有直接讲船员人数问题（SCK），而是把它作为一个背景，引导学生实现对组中值的探究（KCT）：由于载客量在 1≤21 的班次出现了 3 次，而这个区间只有范围，没有具体的数字，经过讨论，学生发现平均数、中位数和众数都不能够确定这个小组的载客量，故可以用 $\frac{1+21}{2}$ 作为这个小组载客量的估计值，把它称为组中值（CCK），这样就解决了该小组载客量的问题。

6. 货币检查箱试验

Y 老师和 Q 老师采用讲故事的形式直接讲述货币检查箱试验（KCT），他们认为，学生能用抽样的方法检验硬币的质量，但对用样本平均数估计总体平均数的思想可能并未领会（KCS）。在学生的回答中，抽取的硬币不等，1 个、20 个、40 个等都有，教师肯定了学生的回答（CCK），并在小结中概括了用样本平均数估计总体平均数的思想（SCK）。

7. 献爱心捐款活动

Y 老师首先介绍了历史上中位数是作为平均数的替代品而出现的，中位数对极端值不敏感，这可能是使用它的主要原因（SCK）。之后，再讲授献爱心捐款活动的案例（KCT）。以下是教学中的一段对话：

教师：平均数能比较客观地反映全班同学捐款的“平均水平”吗？

学生：不能。

教师：为什么不能？

学生：因为这组数据中有一个极端值 80，与其他数据差距太大，因而不能客观反映全班同学捐款的平均水平。

Y 老师继续解释学生的回答（KCS），并引入中位数的概念（CCK）。从对话中可以看出，由于学生已经了解中位数的历史起源，因而直接说出了极端值对平均数的影响，这实际上使学生错失了探究中位数为什么替代平均数的机会（KCS：M）。

Q 老师认为，如果先介绍中位数起源的历史，则学生在献爱心捐款活动案例中自然会想到用中位数作为平均水平的代表，这就不能达到激发学生学习动机的目的（KCS）。因此，她把该案例作为教学的出发点（KCT）。以下是教学中的一段对话：

教师：你能求出这组数据的平均数吗？

学生：能。（过了一会）平均数为 10.6。

教师：平均数能反映全班同学捐款的“平均水平”吗？

学生：捐款超过 10.6 元的人数只有 1 个，因而不能很好地代表全班同学捐款的平均水平。

教师：为什么会出现这种情况？

学生：最大值和最小值差异过大，其中的最大值 80 远远大于其余的数据，拉大了这组数据的平均水平。

教师：也就是说，当数据中出现极端值时，平均数不能作为这组数据的代表，这时我们需要学习另外一个集中趋势的量，即中位数，它也是数据的一个代表（CCK）。

从对话中可以看出，教师不直接讲述平均数对极端值的敏感性，而把中位数的历史背景渗透到教学活动之中（SCK），自然地引出了中位数的概念。

8. 寻找质点中位数

Y 老师认为，献爱心捐款活动从数的角度引入了中位数，而寻找质点中位数示意图则从形的角度来理解中位数（SCK）。Y 老师认为学生从数形结合上理解中位数有困难（KCS），因此他先告诉学生质点中位数使得左右两边质点的个数相等（CCK），并在屏幕上打出高尔顿对中位数的描述：“一个占据中间位置的物体具有这样的性质，即比它多的物体的数目等于比它少的物体的数目”。之后，再让学生讨论如何寻找质点中位数的位置（KCT）。当一个学生回答质点中位数在数轴上的 33.5 处时，教师问学生如何找到的，学生回答含糊不清，声音较小，教师对学生的回答不置可否，既没有肯定也没有否定，而是开始解释如何寻找中位数。由此可见，教师错失了了解学生思维过程的机会（KCS：M）。

Q 老师给出了寻找质点中位数示意图后，先对质点在数轴上的取值进行了解释，再让学生分组讨论如何寻找质点中位数的位置（KCT）。下面是师生的一段对话：

教师：你是如何找到质点中位数位置的？

学生：求出质点取最大值和最小值的平均数，即 $\frac{44.5+28}{2}=36.25$，这就是质点中位数的位置。

教师：还有没其他的做法？

学生：在 34 附近。

教师：这两种做法对不对？

学生：36.25 是数轴的中点，而不是质点的中位数。

教师：大家看看，在 36.25 左右两边质点个数的情况怎么样？

学生：左边多，右边少。

通过课堂讨论，教师发现学生的主要错误是把数轴的中线位置当成了质点的中位数位置（KCS），因此，教师进一步指出：中位数的位置是使得其左右两边质点的个数相等（SCK）。有了这个方法，学生很快找到质点中位数在 34 偏左一点（CCK）。其实，在课堂上，有学生还有其他做法，虽然不一定正确，但教师没有观察到还有学生举手想回答问题，错失了了解学生更多想法的机会（KCS：M）。

9. 城墙砖块层数

Y 老师和 Q 老师认为，众数概念相对简单，学生理解一般没有困难（KCS）。他们认为，数城墙砖块层数问题有故事情节，能激发学生的学习兴趣，因此，教学中采用直接讲故事的形式（KCT），让学生了解众数概念的起源，使他们更好地理解众数概念的意义（CCK）。

10. 鞋子的颜色

Y 老师认为，非数字类型的众数超出了教材要求，学生理解可能有一定的困难（KCS），但在现实生活中具有广泛的应用，因此对众数作适当拓展是有必要的。他从学生最喜欢的鞋子颜色这个问题出发，探讨众数的非数字类型（KCT）。下面是一段对话：

教师：鞋子颜色出现最多的什么颜色？

学生：白色。

教师：鞋子颜色的众数是什么？

学生：白色。

Y老师解释了学生穿的鞋子中，众数是白颜色的鞋子（CCK），进而说明众数可以作为非数字类型数据的代表（SCK）。

Q老师从学生鞋子的颜色和数学课代表的选举这两个问题出发，探讨众数的非数字类型（KCT）。她认为，学生会把鞋子颜色出现的次数当作众数，这是学生经常易犯的错误（KCS）。因此，她在教学中注意引导学生区分鞋子的颜色和颜色出现的次数，以及课代表和课代表票数之间的关系，明确颜色出现最多的鞋子和票数最多的课代表是众数（CCK），进而说明众数不一定是一个数字，它可以用来表示非数字类型数据的集中趋势（SCK）。在上述过程中，Q老师在内容和学生的知识（KCS）方面错失了一次机会。她在问学生用什么来描述鞋子的颜色时，学生回答鞋子的颜色有白色、红色、黑色……，她打断学生的回答，自顾说出用众数，而且没有给学生解释为什么用众数，而不用平均数或中位数（KCS：M）。

11. 员工工资问题

Y老师认为，学生不一定能看出数据中的极端值（KCS），因此从工资数据中的极端值出发，引导学生讨论经理是否欺骗了小张（KCT）。下面是一段对话：

教师：这个月工资里面有没有极端值？

学生：有，最大为6000，最小为500。

教师：平均月工资能否反映员工收入的平均水平？

学生：因为有极端值，所以不能用平均工资代表员工的收入水平。

在这段对话中，教师不应问月工资里面有没有极端值，而应让学生自己去思考为什么不能用平均月工资反映员工收入的平均水平（KCS：M）。教师指出，如果从月工资的平均数水平来看，经理说的的确没错。但这时候已经不能用月平均工资代表员工的实际收入水平了，因此需要重新选用数据的代表（CCK）。教师虽然没有明确指出经理欺骗了小张，但可以推断他已经知道了这个事实

（SCK）。

Q老师认为，教材对平均数、中位数和众数的选用写得很简单，但这恰是学生感到困惑的地方（KCS）。她从经理是否欺骗了小张这个问题出发，引导学生讨论选择适当的量来代表数据（KCT）。她说，每个人看问题的角度不同，问题的答案就不同。教师虽没有告诉学生经理欺骗了小张，但可以推断出她正试图通过激发学生的讨论来说明这个问题（SCK）。

教师：平均工资能反映员工的工资水平吗？

学生：不能。

教师：为什么？

学生：6000和4000与其他数据相差较大，这是两个极端值。

教师：用哪一个量反映员工的工资水平比较合适？

教师和学生通过讨论，澄清了不能使用平均数，而应该选择使用中位数或众数的理由（CCK）。

8.2.3 两位教师教学需要的统计知识的比较

从表8-1和表8-2可以看出，数学史介入教学后，提升了教师教学需要的统计知识（SKT）。Y老师和Q老师在CCK、KCS和KCT三类知识上均为直接使用，这些知识在教学中扮演了更为具体的“角色”，没有出现从其他类型知识推断出来的证据。从深色网格看到，SCK是唯一一类需要从其他知识推断出来的知识。Y老师和Q老师分别存在3次和5次间接使用SCK的情形，他们在估计数学测验的总分、身高和体重问题、员工工资问题这三个案例中都间接运用数学史，而在探究公共汽车的载客量和献爱心捐款活动这两个案例中存在差异：Y老师直接使用数学史，SCK呈现明显的证据；而Q老师间接使用数学史，SCK隐含于教学活动之中，但可以从其他知识推断出来。这与前面的分析是一致的，即Y老师对数学史的使用呈显性形式，而Q老师对数学史的使用呈隐性形式。

两位老师没有被识别的知识集中在SCK，其案例为货币检查箱试验和城墙砖块层数，前一个案例涉及抽样方法，学生本学年上学期学过；后一个案例是众数的计算，学生在小学就学过。因而，这两个案例相对简单和容易理解，在教学中没有识别出教师相应的SCK。

两位老师存在的一个明显差异体现在知识的缺失上。Y老师在KCS和KCT分别错失了3次和4次机会，而Q老师在KCS和KCT分别错失2次和1次机会。由此可见，Y 老师在运用数学史的过程中，出现较多的知识缺失，而 Q 老师则能较好地处理好数学史和学生认知以及教学方法之间的关系，能引导学生更好地进行数学史融入统计概念的教学活动。正如前面诠释学分析的一样，Q 老师能够反复考量 C_1 和 C_2 之间的联系。同时，我们也发现，对于一个资深教师而言，一旦掌握了数学史的知识，PCK 就成为决定数学史运用的关键。研究者和任课教师通过对数学活动案例的分析，认为错失机会可能归因于三点：①教师缺乏对数学史的深入理解，影响了教师的教学设计及教学实践；②在数学教学中融入数学史，需要掌握一些融入的方法和技巧，这与教师平时的教学大为不同，因而导致了教师 KCT 的缺失；③数学史融入数学教学，丰富了课堂活动，激发了学生思维，而教师对学生的潜力估计不足，导致教师 KCS 的缺失。

综上，两位教师的 HPM 教学表明，HPM 促进了教师教学的发展。两位教师的 HPM 教学分为教学准备和教学实施两个阶段，数学史与数学教学的诠释学循环经历了从分离到融合的过程。在教学准备阶段，两位教师从 HPM 出发，了解了统计概念的历史，加强了对统计概念的理解，不过，数学史与教学仍处于分离状态。在教学实施阶段，两位教师借助于教学案例，有机地结合了自己的 SMK 和 PCK，把数学史融入了统计概念教学之中。

诠释学循环模型深刻地刻画了教师教学发展的过程。Y 老师高中教学的经历和深厚的 SMK 是他的发展之基，他喜欢从数学史开始，寻求合适的角度将其融入数学教学，但他过分强调数学史的面向，缺乏对学生认知和心理的关注；Q 老师则发挥自己的 PCK 优势，从教学内容出发，注重数学史与教材、学生认知的配合，有机地把 PCK 与 HPM 结合起来，较好地呈现知识的自然发生过程。

HPM 介入统计教学，对教师的 SKT 产生了影响，其中 SKT 的四个主要成分都呈现出直接使用的情形，间接使用或没有识别的知识出现在 SCK 方面。教师的 PCK 存在知识缺失，可能会让学生错失学习机会。本研究表明，在数学史融入统计教学的过程中，HPM 与 PCK 的有机结合是教师 SKT 发展的重点。

第9章

研究结论及展望

9.1 研究结论

本书从数学史的视角，全面、系统和深入地开展了统计概念教学的实验研究。选取统计学中经常用到的平均数、中位数和众数概念，采用单组实验的方法，在八年级进行了数学史融入统计概念教学的实验研究。本书根据教学三角形模型，探讨课堂教学活动、学生学习认知和教师专业发展3个方面的问题。研究对象是某城市一所优秀初中学校八年级的2名教师及其2个任教班级的学生。

在对课堂教学的研究中，本书根据统计概念发展的历史现象，结合教材内容，设计了相应的数学活动，并付诸课堂教学实践。对于学生学习认知的研究，采用定量和定性相结合的混合研究方法。在定量研究中，把学生对统计概念的理解划分为本意理解、选择使用和问题解决三种水平，开发统计概念调查问卷，在实验前后测量学生对统计概念理解达到的水平；在定性研究中，把学生的认知水平划分为单一结构水平（U）、多元结构水平（M）、过渡水平（T）、关联结构水平（R）、应用水平1（A1）和应用水平2（A2）六种水平，并以个案的形式考察了6名学生认知发展的变化。在对教师专业发展的研究中，用诠释学循环模型解释了教师的专业化发展过程，并通过听课和访谈的形式考察教师对教学需要的统计知识（SKT）的使用情况。对应第1章提出的研究问题，本研究得到如下结论。

1. 统计概念的历史

通过历史现象维度深入挖掘统计概念的历史现象，为数学史融入统计教学提供素材。对教学有用的统计概念历史现象主要有：利用平均数估计大数、中点值是算术平均数的前概念、重复测量取平均数可以减小误差、平均数的补偿性、平均数的公平分享、平均数在现实情境下不一定具有实际意义、中位数的稳健性、众数表示重复计数中的准确值、众数是非数字类型数据集中趋势的代表、算术平均数到一组观测数据的距离之平方和最小、中位数到一组观测数据的距离之和最小。

2. 统计概念的教学

开展数学史融入统计概念教学的实验，经受了课堂实践的检验。教学实验围绕教学实践活动、学生学习认知和教师专业发展三个方面进行。

1）结合平均数、中位数和众数的教学内容，根据历史现象设计了相关的数学活动案例，并付诸教学实践。这些数学活动具有历史对应性，活动背景多为个人生活和公共常识。教学反馈表明，学生普遍赞同在统计教学中融入数学史，认为这种教学方法与常规教学方法存在差异，期待教师在后续的课程教学中也采用这种方法。

2）通过对学生在前、后测问卷的得分情况进行定量分析，研究表明，从理解水平来看，学生在本意理解、选择使用和问题解决三个理解水平上均存在显著差异。从学习内容来看，两个班学生对中位数的理解存在显著差异，对平均数的理解差异不显著，而对众数的理解则是一个班存在显著差异，另一个班差异不显著。

通过对 6 名学生的研究表明，5 名学生明显加深了对平均数、中位数和众数的理解，其中 1 名学生发展到了认知的最高水平，有 4 名学生的认知水平也分别提高了 1—3 个层次，而有 1 名学生的认知水平依旧停留在原有的水平。通过对学生认知发展原因的探究，发现数学史融入统计概念教学是促进学生认知发展的一个重要原因。

综合定量和定性分析的研究结果，本研究表明，在统计概念的教学中融入数学史有效地促进了学生对统计概念的理解，表明这是一种卓有成效的教学方法。不过，当融入数学史作为一种教学手段时，并非所有学生的认知都能得到发展，可能某些学生收效甚微。

3）HPM 介入教学后，两位老师的专业发展过程大体可以分为两个阶段。在准备阶段，两位老师的数学史与数学教学处于分离状态；在教学实验阶段，他们从 HPM 出发，有机地结合了 SMK 和 PCK，各自找到三者之间的平衡点，把数学史成功融入了统计概念教学中。这表明，HPM 介入教学后，两位老师的数学史与数学教学状态从分离走向了融合。

两位老师基于 HPM 的专业发展各有特色。一位老师能较好地理解教学主题的数学史知识，但过分注重数学史的面向，而对 PCK 的连接不够紧密，因此数学史的融入显得有些机械，不够自然。而另一位老师则运用自己的 PCK 优势，注重数学史与教材、学生认知的配合，从容地在数学教学中融入数学史。

数学史介入教学后，两位教师对 HPM 的态度也发生了明显变化。一位老师经历了“有趣、愿意、认可”的过程，而另一位老师经历的过程则为“质疑、接受、乐意、兴奋”。

数学史介入教学后，教师教学需要的统计知识（SKT）得到了提升。同时也发现，对于一个资深教师而言，一旦掌握了数学史的知识，PCK 就成为决定数学史运用的关键。此外，在教师知识中，也存在学科教学知识（PCK）的缺失，会对学生的学习产生影响，这是 HPM 在促进教师专业发展过程中需要关注的一个重要问题。

9.2　教学启示

本书的研究结果对 HPM 理论的发展有一定的意义，对教育教学也有一定的启示。根据本研究得到的结论，下面从三个方面对统计概念教学提出一些建议。

1）设计 HPM 教学案例，帮助学生获得广泛的数学基本活动经验。本书的研究表明，我们根据历史现象设计的数学活动，在课堂教学中取得了较好的效果。这些活动极大地丰富了课堂教学内容，调动了学生的积极性，学生对这些活动非常感兴趣，并展开了热烈的讨论。我国《义务教育数学课程标准（2011 年版）》已明确指出“数学的基本活动经验”是义务教育数学课程“四基”目标之一。虽然我国统计与概率教材中设置了“数学活动”栏目，但数学活动数量较少，还有些老师并没有在数学教学中真正实施这种活动，从而使得学生拥有的数学活动经验比较少。无疑，根据历史现象设计的教学案例，为学生获得广泛的数学基本活动经验奠定了基础。

2）实施 HPM 教学方法，提高学生对统计概念理解的水平。本书研究提出了统计概念理解的三个水平，其中本意理解即为斯根普（Skemp，1976）所说的工具性理解，而选择使用和问题解决则为关系性理解。关系性理解不仅会知道哪种方法有用，为什么有用，能够把方法和问题加以关联，而且还可以调整方法来处理新问题。由此可见，学生对统计概念的学习应该达到关系性理解。本书的研究表明，数学史融入统计教学的方法，有效地促进了学生对统计概念理解的认知发展，特别明显地表现在学生对中位数的学习中，而在常规教学中，学生对中位数的理解是一个难点。这就意味着，数学史融入统计概念教学，应使学生达到关系性理解的目标。

3）提升 HPM 教学能力，促进教师专业化发展。本书研究表明，数学史介入教学后，教师的数学史与数学教学状态从分离走向融合，而且教师教学需要的统计知识（SKT）得到了提升。可见，在统计概念教学中融入数学史，可以促进教师的专业化发展。这就需要教师将 HPM 与 SMK 和 PCK 有机地结合，找到三者之间的平衡点，才能把数学史成功地融入统计概念教学中。在这个过程中，教师的 PCK 起到了至关重要的作用。

9.3 研究的局限性

由于教学实验时间短，数学史融入统计教学的效果仅是初见端倪，其成效还有待时间的检验。基于数学史的教学设计还有不合理的地方，案例的设计和运用有待于进一步改进。此外，由于样本选取的局限性，所得结论可能并非对所有八年级的学生都适用。

为弥补以上研究的不足，在今后的研究中，可以选择更多的统计概念进行教学实验，教学时间长一些，以便更好地检验数学史融入教学的效果；针对本轮教学设计中存在的问题，结合教师和学生的反馈意见，研究者和实验教师共同讨论，进一步改进和完善教学设计，并运用于新的教学班级中；对于本书研究的教学实验，可以对不同地区、不同学校的教师和学生再次进行实验，以检验所得结论的有效性。

9.4 研究展望

统计教学研究是一个很大的研究领域，必将受到人们越来越多的关注。对于统计教学，未来的 HPM 研究应该关注以下几个方面：

1）HPM 视角下统计教学案例的开发。本书研究设计的数学活动案例，在教学实验中取得了较好的效果。HPM 视角下的教学案例很多，但关于统计教学的并不多见，因此，开发 HPM 视角下的统计教学案例将是今后一个长期的工作。

2）HPM 与 PME（数学教育心理）的结合。数学史融入数学教学的研究，能取得正面结果的，大多在情感方面，而不在认知范畴。相对于情感方面，如何达成认知范畴的实验效果是很重要的，也是比较困难的，这可能与研究方法的局限性有关。由此，探讨 HPM 与 PME 的结合将是一个重要的研究课题。本书仅是一个开端，未来的研究将会扩展到更多的统计教学内容中。

3）HPM 与 SKT 的结合。在 2012 年韩国召开的 ICME-12 上，詹奎斯特等在报告中讨论了 HPM 和 MKT 之间的关系，并指出，MKT 应该成为 HPM 研究的重要方向之一。随着 MKT 成为教师教育研究的热点，SKT 也引起了人们的关注，因此，在统计教学领域，探讨 HPM 与 SKT 的有效结合必将是未来 HPM 的研究趋势。

总之，统计教学的研究是一个潜在和内容丰富的研究领域，在 HPM 视角下将会呈现出更加美好的未来。

参 考 文 献

巴桑卓玛. 2006. 中小学生对统计的认知水平研究. 东北师范大学博士学位论文.

白雪梅，赵松山. 1997. 也谈中位数、众数与算术平均数的关系. 江苏统计，(5)：9-11.

鲍建生. 2002. 中英两国初中数学课程综合难度的比较研究. 华东师范大学博士学位论文.

蔡金法. 2007. 中美学生数学学习的系列实证研究——他山之石，何以攻玉. 北京：教育科学出版社.

蔡幸儿，苏意雯. 2009. 数学史融入“国小”数学教学之实作研究——以分数乘、除法为例. 台湾数学教师电子期刊，(20)：17-40.

陈锋，王芳. 2012. 基于旦德林双球模型的椭圆教学. 数学教学，(4)：5-8，40.

陈希孺. 2002. 数理统计学简史. 长沙：湖南教育出版社.

达莱尔·哈夫. 2009. 统计数字会撒谎. 廖颖林译. 北京：中国城市出版社.

董毅. 2006. 集中量数的一些注记. 统计教育，(12)：31-32.

段学有. 2011. 遇到平均数与大多数. 中国统计，(5)：43.

范春来. 1999. 平均数定义及其几何意义. 中学数学教学，(6)：13.

范赞成. 2005. 众数之误.统计信息论坛，20(3)：103-105.

范赞成. 2006. 位置平均数之疑. 统计与决策，(6)：132-133.

冯胜群. 2001. 正确认识平均数、平均指标、集中趋势的含义和关系. 江苏统计，(9)：13-16.

冯振举，杨宝珊. 2005. 发掘数学史教育功能，促进数学教育发展——第一届全国数学史与数学教育会议综述. 自然辩证法研究，2(4)：108-109.

弗赖登塔尔. 1995. 作为教育任务的数学. 陈昌平，唐瑞芬，等编译. 上海：上海教育出版社.

弗赖登塔尔. 1999. 数学教育再探——在中国的讲学. 刘意竹，杨刚，等译. 上海：上海教育出版社.

高月琴，薛红霞，张岳洋，等. 2006. 应用数学史知识的实验研究. 太原师范学院学报(自然科学版)，5(3)：36-38.

格劳斯. 1999. 数学教与学研究手册. 陈昌平，王继延，陈美廉，等译. 上海：上海教育出版社.

郭书春. 2009. 九章算术译注. 上海：上海古籍出版社.

郭熙汉. 1995. 数学史与数学教育. 数学教育学报，(4)：68-77.

洪万生. 1998. HPM 随笔（一）. HPM 通讯，1（2）：1-3.

洪万生. 2005. PCK vs. HPM：以两位高中数学教师为例//数学教育会议文集. 香港：香港教育学院数学系，72-82.

胡炳生. 1996. 数学史与中学数学简论. 中学数学教学参考，(6)：3.

皇甫华. 2009. 4—7 年级学生对角的理解. 华东师范大学硕士学位论文.

皇甫华，汪晓勤. 2008. HPM 视角下的一元一次方程概念的教学设计.中学数学教学参考（初中），(3)：55-57.

黄兴丰. 2009. 介绍 Ball 研究小组“数学教学需要的学科知识”之研究. 台湾数学教师期刊，(18)：32-49.

黄毅英. 1998. 从课程角度探讨数学史在课堂中之应用. 数学教育，(6)：8-9.

黄毅英. 2005. 把数学史引进数学教学真是那么困难吗？HPM 通讯，8（10）：1-9.

江海峰. 2007. 算术平均数、众数、中位数之间关系的再探讨——来自蒙特卡罗模拟分析. 统计教育，(10)：37-38，45.

姜秀珍. 2003. 平均数是非评说. 中国统计，(1)：16-18.

教育部. 2003. 普通高中数学课程标准（实验）. 北京：人民教育出版社.

教育部. 2011. 义务教育数学课程标准. 北京：北京师范大学出版社.

卡茨. 2004. 数学史通论. 2 版. 李文林，邹建成，胥鸣伟，等译. 北京：高等教育出版社.

李伯春. 2000. 一份关于数学史知识的调查. 数学通报，(3)：39-40.

李伯春. 2004. 有关数学史与数学教育实质联系的调查. 淮北煤炭师范学院学报，25（1）：70-72.

李国强. 2009. 数学史素养及提升：数学教师专业发展的新视角. 中小学教师培训，(10)：13-15.

李国强. 2010. 高中数学教师数学史素养及其提升实验研究. 西南师范大学博士学位论文.

李国强. 2012. 基于 SOLO 分类理论的数学教师数学史素养水平划分. 数学教育学报，21（1）：34-37.

李国强，王玉香. 2010. 谈数学教师数学史素养的提升. 教学与管理，(2)：48-50.

李红婷. 2005. 课改新视域：数学史走进新课程. 课程·教材·教法，25（9）：51-54.

李慧华. 2008. 高中生对平均数的认知调查. 华东师范大学硕士学位论文.

李俊. 2002. 关注统计教育. 数学教学，(5)：35-38.

李俊. 2003. 中小学概率的教与学. 上海：华东师范大学出版社.

李来儿. 1995. 正确理解统计平均数. 山西财经学院学报,（4）：73-75.

李鸥. 2008. 平均数的是与非. 中国统计,（7）：46-47.

李文林. 2011a. 学一点数学史——谈谈中学数学教师的数学史素养. 数学通报，50（4）：1-5.

李文林. 2011b. 学一点数学史（续）——谈谈中学数学教师的数学史素养. 数学通报，50（5）：1-8.

梁绍君. 2006a. “算术平均数”概念的四个理解水平及测试结果. 数学教育学报，15（3）：35-37.

梁绍君. 2006b. 平均数可能不代表中等水平. 数学教学,（5）：47-48.

骆祖英. 1996. 略论数学史的德育教育价值. 数学教育学报,（2）：10-14.

莫里斯·克莱因. 2002. 古今数学思想. 张理京，张锦炎，江泽涵，译. 上海：上海科学技术出版社.

茆诗松. 2008. 漫谈平均数. 数学教学,（9）：7-8.

皮亚杰，加西亚. 2005. 心理发生与科学史. 姜志辉译. 上海：华东师范大学出版社.

婆什迦罗. 2008. 莉拉沃蒂. 林隆夫译注. 徐泽林，周畅，张建伟译. 北京：科学出版社.

曲元海，项昭，李俊扬，等. 2006. 初中生学习统计量理解水平的调查分析. 数学教育学报，15（1）：35-37.

全美数学教师理事会. 2004. 美国学校数学教育的原则和标准. 蔡金法，吴放，李建华，等译. 北京：人民教育出版社.

任明俊，汪晓勤. 2007. 中学生对函数概念的理解：历史相似性研究. 数学教育学报，16（4）：84-87.

沈金兴. 2006. 概率中“点数问题”的历史相似性研究. 数学教学,（7）：7-9.

沈金兴. 2007. 中学生对古典概率的理解：历史相似性. 华东师范大学硕士学位论文.

沈金兴. 2008. 概率论前史中“投掷问题”的历史相似性研究. 数学教学,（5）：47-49.

史宁中，张丹，赵迪，等. 2008. “数据分析观念”的内涵及教学建议——数学教育热点问题系列访谈之五. 课程·教材·教法，28（6）：40-44.

苏惠玉. 2008. 微积分的概念学习单. HPM 通讯，11（9）：3-11.

苏慧珍. 2003. “数学期望值”学习工作单. HPM 通讯，6（8-9）：3-8.

苏俊鸿.2003. 数学史融入教学——以对数为例. HPM 通讯，6（2-3）：4-8.

苏意雯. 2004. 数学教师以 HPM 促进专业发展之个案研究. 数理教师专业发展学术研讨会论文. 彰化：彰化师范大学.

苏意雯. 2005. 数学教师专业发展的一个面向：数学史融入数学教学之实作与研究. 台湾师范大学博士学位论文.

苏意雯. 2007. 运用古文本于数学教学——以开方法为例. 台湾数学教师电子期刊，(9)：56-66.

汪文，徐章韬. 2012. 超级画板支持三角形内角和定理：从历史走向课堂. 中学数学杂志，(10)：18-20.

汪晓勤. 2001. 德摩根：杰出的数学家、数学史家和数学教育家.自然辩证法通讯，23(1)：70-84.

汪晓勤. 2002. 泰尔凯：19 世纪前瞻的数学史家. 自然辩证法研究，18(8)：78-80.

汪晓勤. 2006. HPM 视角下的一元二次方程概念教学设计. 中学数学教学参考，(12)：50-52.

汪晓勤. 2007a. HPM 视角下的消元法教学设计. 中学数学教学参考，(6)：52-54.

汪晓勤. 2007b. HPM 视角下一元二次方程解法的教学设计. 中学数学教学参考，(1-2)：114-116.

汪晓勤. 2007c. HPM 视角下的二元一次方程组概念的教学设计. 中学数学教学参考，(5)：48-51.

汪晓勤. 2012. HPM 的若干研究与展望. 中学数学月刊，(2)：1-4.

汪晓勤. 2013. HPM 与初中数学教师的专业发展：一个上海的案例. 数学教育学报，22(1)：18-22.

汪晓勤，方匡雕，王朝和. 2005. 从一次测试看关于学生认知的历史发生原理. 数学教育学报，14(3)：30-33.

汪晓勤，林永伟. 2004. 古为今用：美国学者眼中的数学教育价值. 自然辩证法研究，20(6)：73-77.

汪晓勤，王苗，邹佳晨. 2011. HPM 视角下的数学教学设计：以椭圆为例. 数学教育学报，20(5)：20-23.

汪晓勤，张小明. 2006. HPM 研究的内容与方法.数学教育学报，15(1)：16-18.

汪晓勤，张小明. 2007. 复数概念的 HPM 教学案例. 中学数学教学参考，(6)：4-7.

汪晓勤，周保良. 2006. 高中生对实无穷概念的理解. 数学教育学报，15(4)：90-93.

王进敬. 2011. 数学史融入初中数学教学的行动研究. 华东师范大学硕士学位论文.

王苗. 2011. 大一与高二学生对数列极限的理解：历史相似性研究. 华东师范大学硕士学位论文.

王青建. 2004. 数学史：从书斋到课堂.自然科学史研究，23(2)：148-154.

王文素. 2008. 算学宝鉴校注. 刘五然，等校注. 北京：科学出版社.

王玉芳. 2011. 微分中值定理教学中融历史与技术的案例设计. 高等函授学报，(5)：46-48.

吴骏. 2011. 小学四年级学生对平均数概念理解的发展过程. 数学教育学报，20(3)：39-42.

吴骏. 2017. 基于 HPM 教学的学生认知发展个案研究. 数学教育学报，26(2)：46-49，91.

吴骏，杜珺，邱宁，等. 2014. 基于数学史的中位数和众数的教学实践. 中学数学杂志，(6)：23-25.

吴骏，黄青云. 2013. 基于数学史的平均数、中位数和众数的理解. 数学通报，(11)：16-21.

吴骏，汪晓勤. 2013a. 发生教学法：从理论到实践——以数学教学为例. 教育理论与实践，(2)：1-3.

吴骏，汪晓勤. 2013b. 国外数学史融入数学教学研究述评. 比较教育研究，(8)：78-82.

吴骏，汪晓勤. 2014. 数学史融入数学教学的实践：他山之石. 数学通报，(2)：13-16，20.

吴骏，汪晓勤. 2016. 初中数学教师 HPM 教学的个案研究. 数学教育学报，25（1）：67-71.

吴骏，赵锐. 2014. 基于 HPM 的教师教学需要的统计知识调查研究. 数学通报，(5)：15-18，23.

吴骏，朱维宗. 2015. 基于数学史的加权平均数的教学实践. 中学数学杂志，(6)：5-7.

吴颖康，李凌. 2011. 上海高中生对集中量数的理解. 数学教育学报，20（6）：25-28.

萧文强. 1987. 谁需要数学史. 数学通报，(4)：42-44.

萧文强. 1992. 数学史与数学教育：个人经验和看法. 数学传播，16（3）：23-29.

萧文强. 2010. 心中有数——萧文强谈数学的传承. 大连：大连理工大学出版社.

徐景范. 1999. 中位数、算术平均数和众数关系之我见. 统计与咨询，(4)：17.

徐君，赵志云，田强，等. 2011. 少数民族中学数学教师数学史素养调查研究——以内蒙古自治区包头市部分中学蒙古族教师为例. 数学教育学报，20（4）：80-82.

徐章韬. 2009. 师范生面向教学的数学知识之研究——基于数学发生发展的视角. 华东师范大学博士学位论文.

徐章韬. 2011. 信息技术背景下的勾股定理. 中学数学，(3)：60-63.

徐章韬，顾泠沅. 2011. 面向教学的数学知识. 教育发展研究，(6)：53-57.

徐章韬，虞秀云. 2012. 信息技术使数学史融入课堂教学的研究. 中国电化教育，(1)：109-112.

许志昌. 2006. 数学史融入数学教学：以概率单元为例. HPM 通讯，9（7-8）：10-19.

杨渭清. 2009. 数学史在数学教育中的教育价值.数学教育学报，18（4）：31-33.

殷克明. 2011. 高中生对切线的理解：历史相似性研究. 华东师范大学硕士学位论文.

游玲杰. 1999. 对加权平均数选用之我见. 统计与测绘，(6)：32-33.

曾小平，韩龙淑. 2012. 平均数的含义与教学.教学月刊.（小学版），(9)：25-28.

张丹. 2010. 学生数据分析观念发展水平的研究反思.数学教育学报，19（1）：60-64.

张奠宙，宋乃庆. 2004. 数学教育概论. 北京：高等教育出版社.

张定强. 2012. 数学史价值新探. 数学教学研究，31（11）：1-5.

张弓. 2003. 一次数学史知识调查所见. 数学教学，(2)：44.
张国定. 2010. 全面认识新课程下数学史的教育价值. 教学与管理，(9)：48-51.
张国祥. 2005. 数学化与数学现实思想. 数学教育学报，14(2)：35-36.
张连芳. 2011. 初中生对代数字母符号的理解. 华东师范大学硕士学位论文.
张敏. 2006. 对简单算术平均数与加权算术平均数的关系的质疑. 统计与决策，(6)：131-132.
张筱玮. 2000. 中学数学教师的数学史素养. 天津师范大学学报(基础教育版)，(1)：68-69.
章树金. 1989. 求"平均数"和"平均分"不是一回事. 湖南教育，(6)：33.
赵瑶瑶，汪晓勤. 2007. 邹腾：19世纪数学史家、丹麦数学的先驱者. 自然辩证法通讯，29(3)：76-84.
赵瑶瑶，张小明. 2008. 关于历史相似性理论的讨论. 数学教育学报，17(4)：53-56.
郑昊敏，温忠麟，吴艳. 2011. 心理学常用效应量的选用与分析. 心理科学进展，19(12)：1868-1878.
郑少智，邹亚宝. 2003. 谈算术平均数、中位数、众数的代表性问题. 统计与决策，(11)：94-95.
钟雪梅. 2012. 高中教材中数学史料的教育价值. 数学通讯，(5)：12-14.
周友士. 2005. 数学史在数学新课程中的教学意义. 数学通报，(2)：17-19.
朱龙杰. 1997. 对中位数与众数、算术平均数关系的质疑. 江苏统计，(1)：24-25.
朱钰. 2005. 众数就是位置平均数及其他——与范赞成先生关于《众数之误》商榷.统计信息论坛，20(6)：105-107.
朱哲. 2010. 数学教科书中勾股定理单元的编写与教学实验研究——基于"数学史融入数学课程"理念. 西南大学博士学位论文.
邹亚宝. 2004. 算术平均数、中位数、众数的代表性问题研究.统计信息论坛，19(1)：92-94.
Arcavi A. 1991. Two benefits of using history. For the Learning of Mathematics，11(2)：11.
Arcavi A，Bruckheimer B，Ben-Zvi R. 1982. Maybe a mathematics teacher can profit from the study of the history of mathematics. For the Learning of Mathematics，3(1)：30-37.
Arcavi A，Bruckheimer B，Ben-Zvi R. 1987. History of mathematics for teachers：The case of irrational numbers. For the Learning of Mathematics，7(2)：18-23.
Arcavi A，Isoda M. 2007. Learning to listen：From historical sources to classroom practice. Educational Studies in Mathematics，66(2)：111-129.
Bagni G T. 2000a. The role of the history of mathematics in mathematics education：Reflections and examples. In：Schwank，I.(Ed.)，Proceedings of CERME-1. Forschungsinstitut fuer Mathematikdidaktik，Osnabrueck，Ⅱ：220-231.

Bagni G T. 2000b. Difficulties with series in history and in the classroom. In Fauvel, J., van Maanen, J.（eds.）. History in Mathematics Education（pp.82-85）. Dordrecht：Kluwer Academic Publishers.

Bakker A. 2003. The early history of average values and implications for education. Journal of Statistics Education，11（1）：1-24.

Bakker A. 2004. Design Research in Statistics Education—On Symbolizing and Computer Tools. Ph.D. Thesis，The Freudenthal Inisitute，Utrecht.

Bakker A，Gravemeijer K P E. 2006. An historical phenomenology of mean and median. Educational Studies in Mathematics，62（2）：149-168.

Ball D L，Hill H C，Bass H. 2005. Knowing mathematics for teaching：Who knows mathematics well enough to teach third grade，and how can we decide? American Educator，29：14-22.

Ball D L，Thames M H，Phelps G. 2008. Content knowledge for teaching：What makes it special? Journal of Teacher Education，59（5）：389-407.

Barabash M，Guberman-Glebov R. 2004. Seminar and graduate project in the history of mathematics as a source of cultural and intercultural enrichment of the academic teacher education program. Mediterranean Journal for Research in Mathematics Education，3（1-2）：73-88.

Barbin E，Bagni G，Grugnetli L，et al. 2000. Integrating history：Research perspectives. In Fauvel，J.，Maanen J.（eds.），History in Mathematics Education—The ICMI Study（pp.63-90）. Dordrecht：Kluwer.

Begg A，Edwards R. 1999. Teachers' ideas about teaching statistics. Proceedings of the 1999 Combined Conference of the Australian Association for Research in Education and the New Zealand Association for Research in Education. Melbourne：Australian Association for Research in Education. www.aare.edu.au/99pap/.

Bidwell J K. 1993. Humanize your classroom with the history of mathematics. Mathematics Teacher，86（6）：461-464.

Blanco M，Giovart M. 2009. Introducing the normal distribution by following a teaching approach inspired by history：An example for classroom implementation in engineering education. In Proceedings from the CERME6 Working Group 15（pp.1-10）. CERME.

Brown G. 1991. Integrating the history and philosophy of mathematics into core curriculum math courses from a cultural and humanistic viewpoint. For the Learning of Mathematics，11（2）：13-14.

Bruckheimer M，Arcavi A. 2000. Mathematics and Its History：An Educational Partner-ship. In

Katz, V. (ed.), Using History to Teach Mathematics-An International Perspective, No. 51 in MAA Notes (pp.135-146) . Washington: The Mathematical Association of America.

Burgess T A. 2009. Teacher knowledge and statistics: What types of knowledge are used in the primary classroom? The Montana Mathematics Enthusiast, 6 (1&2): 3-24.

Burgess T A. 2011. Teacher knowledge of and for statistical investigations. In Batanero, C., Burrill, G., Reading C. (eds.), Teaching Statistics in School Mathematics–Challenges for Teaching and Teacher Education: A Joint ICMI/IASE Study (pp.259-270) . New York: Springer.

Cai J. 1998. Exploring students' conceptual understanding of the averaging algorithm. School Science and Mathematics, 2: 93-98.

Cai J. 2000. Understanding and representing the arithmetic averaging algorithm: An analysis and comparison of U.S. and Chinese students' responses. International Journal of Mathematical Education in Science and Technology, 31: 839-855.

Cai J, Moyer J. 1995. Beyond the computational algorithm: Students' understanding of the arithmetic average concept. In L. Meira (Ed.), Proceedings of the 19th Psychology of Mathematics Education Conference (Vol.3, pp.144-151) . Recife, Brasil: Universidade Federal de Pernambuco.

Cajori F. 1899. The pedagogic value of the history of physics. The School Review, 7 (5): 278-285.

Cajori F. 1911. A History of Mathematics. New York: The Macmillan Company.

Callingham R. 1997. Teachers' multimodal functioning in relation to the concept of average. Mathematics Education Research Journal, 9 (2): 205-224.

Ceylan A M. 2008. Mathematics in Zeugma. In Cantoral, R., Fasanelli, F., Garciadiego, A., et al. (eds.), Proceedings of HPM2008, Thc Satellite Meeting of ICME 11 (pp.1-3) . Mexico City: HPM.

Chappell K K. 2006. Effects of concept-based instruction on calculus students' acquisition of conceptual understanding and procedural skill. In Hitt, F., Harel, G., Selden, A., Research in Collegiate Mathematics Education VI (pp.26-60) . Washington, DC: American Mathematical Society.

Charalambous C Y, Panaoura A, Philippou G N. 2009. Using the history of mathematics to induce changes in preservice teachers' beliefs and attitudes: insights from evaluating a teacher education program. Educational Studies in Mathematics, 71 (2): 161-180.

Clark K M. 2012. History of mathematics: Illuminating understanding of school mathematics concepts for prospective mathematics teachers. Educational Studies in Mathematics，81：67-84.

Cohen J A. 1992. A power primer. Psychological Bulletin，112（1）：155-159.

Cruz G，Antonio J. 2008. Understanding the arithmetic mean：A study with secondary and university students. Research in Mathematical Education，12（1）：49-66.

Davitt R M. 2000. The evolutionary character of mathematics. Mathematics Teacher，93（8）：692-694.

De Morgan A. 1902. On the Study and Difficulties of Mathematics. Chicago：The Open Court Publishing Company.

Durand-Guerrier V，Arsac G. 2005. An epistemological and didactic study of a specific calculus reasoning rule. Educational Studies in Mathematics，60：149-172.

Edwards H M. 1977. Fermat's Last Theorem：A Genetic Introduction to Algebraic Number Theory. New York：Springer-Verlag.

Eisenhart C. 1974. The development of the concept of the best mean of a set of measurements from antiquity to the present day. 1971 American Statistical Association Presidential Address（unpublished manuscript）.

Eisenhart C. 1977. Boscovich and the combination of observations. In Kendall，M. G.，Plackett，R. L.（eds.），Studies in the History of Statistics and Probability，Vol.2（pp.200-212）. London：Charles Griffin.

Ernest P. 1998. The history of mathematics in the classroom. Mathematics in School，27（4）：25-31.

Farmaki V，Klaoudatos N，Paschos T. 2004. Integrating the history of mathematics in educational praxis. An Euclidean geometry approach to the solution of motion problems. In Proceedings of the 28th Conference of the International Group for the Psychology of Mathematics Education，3：505-512.

Farmaki V，Paschos T. 2007. Employing genetic moments' in the history of mathematics in classroom activities. Educational Studies in Mathematics，66（1）：83-106.

Fauvel J. 1991. Using history in mathematics education. For the Learning of Mathematics（Special Issue on History in Mathematics Education），11（2）：3-6.

Fauvel J，van Maanen J. 2000. History in Mathematics Education. Dordrecht：Kluwer Academic Publishers.

Fowler D. 1991. Perils and pitfalls of history. For the Learning of Mathematics，11（2）：15-16.

Franklin C，Kader G，Mewborn D，et al. 2007. Guidelines for Assessment and Instruction in Statistics Education （GAISE）Report：A Pre-K-12 Curriculum Framework. Alexandria，VA：American Statistical Association.

Fraser B J，Koop A J. 1978. Teachers' opinion about some teaching materials involving history of mathematics. International Journal of Mathematical Education in Science and Technology，9（2）：147-151.

Freudenthal H. 1971. Geometry between the devil and the deep sea. Educational Studies in Mathematics，3（3-4）：413-435.

Freudenthal H. 1973. Mathematics as an Educational Task. Dordrecht：D. Reidel Publishing Company.

Freudenthal H. 1981. Major problems of mathematics education. Educational Studies in Mathematics，12（2）：133-150.

Freudenthal H. 1983. Didactical Phenomenology of Mathematical Structures. Dordrecht：D. Reidel Publishing Company.

Fried M N. 2001. Can mathematics education and history of mahtematics coexist? Science & Education，10（4）：391-408.

Friel S N，Curcio F R，Bright G W. 2001. Making sense of graphs：Critical factors influencing comprehension and instructional implications. Journal for Research in Mathematics Education，32：124-158.

Führer L. 1991. Historical stories in the mathematics classroom. For the Learning of Mathematics，11（2）：24-31.

Furinghetti F. 1997. History of mathematics，mathematics education，school practice：Case studies linking different domains. For the Learning of Mathcmatics，17（1）：55-61.

Furinghetti F. 2000a. The long tradition of history in mathematics teaching. In Katz，V.（ed.），Using History to Teach Mathematics：An International Perspective（pp.49-58）. Washington，DC：The Mathematical Association of America.

Furinghetti F. 2000b. The history of mathematics as a coupling link between secondary and university teaching. International Journal of Mathematical Education in Science and Technology，31（1）：43-51.

Furinghetti F. 2007. Teacher education through the history of mathematics. Educational Studies in Mathematics，66（2）：131-143.

Furinghetti F，Paola D. 2003. History as a crossroads of mathematical cuture and educational needs in the classroom. Mathematics in School，32（1）：37-41.

Furinghetti F，Radford L. 2002. Historical conceptual development and the teaching of mathematics：From phylogenesis and ontogenesis theory to classroom practice. In English，L. D.（ed.），Handbook of International Research in Mathematics Education（pp.631-654）. New Jersey：Lawrence Erlbaum Associates.

Gal I. 1995. Statistical tools and statistical literacy：The case of the average. Teaching Statistics，17：97-99.

Gal I，Rothschild K，Wagner D A. 1989.Which group is better? The development of statistical reasoning in elementary school children. Paper presented at the meeting of the Society for Research in Child Development，Kansas City，MO.

Gal I，Rothschild K，Wagner D A. 1990. Statistical concepts and statistical reasoning in school children：Convergence or divergence? Paper presented at the meeting of the American Educational Research Association，Boston.

Gardner J H. 1991. 'How fast does the wind travel? ' history in the primary mathematics classroom. For the Learning of Mathematics，11（2）：17-20.

Gfeller M K，Niess M L，Lederman N G. 1999. Preservice teachers' use of multiple representations in solving arithmetic mean problems. School Science and Mathematics，99（5）：250-257.

Goodwin D M. 2007. Exploring the Relationship Between High School Teachers' Mathematics History Knowledge and Their Images of Mathematics. Ph. D. thesis，University of Massachusetts，Lowell.

Grabiner J V. 1983. The changing concept of change：The derivative from format to weierstrass. Mathematics Magazine，56（4）：195-206.

Gravemeijer K. 1999. How emergent models may foster the constitution of formal mathematics. Mathematical Thinking and Learning，1：155-177.

Gravemeijer K，Terwel J. 2000. Hans Freudenthal：A mathematician on didactics and curriculum theory. Journal of Curriculum Studies，32（6）：777-796.

Groth R E. 2002. Characterizing secondary students' understanding of measures of central tendency and variation. In Mewborn，D. S.，Sztajn，P.，White，D. Y. et al.（eds.），Proceedings of the Twenty-fourth Annual Meeting of the North American Chapter of the International Group for the Psychology of Mathematics Education（Vol.1，pp.247-257）. Columbus，OH：ERIC Clearinghouse for Science，Mathematics，and Environmental Education.

Groth R E. 2005. An investigation of statistical thinking in two different contexts：Detecting a signal in a noisy process and determining a typical value. Journal of Mathematical Behavior，24：109-124.

Groth R E. 2007. Toward a conceptualization of statistical knowledge for teaching. Journal for Research in Mathematics Education，38：427-437.

Groth R E，Bergner J A. 2006. Preservice elementary teachers' conceptual and procedural knowledge of mean，median，and mode. Mathematical Thinking and Learning，8：37-63.

Gulikers I，Blom K. 2001. An historical angle：A survey of recent literature on the use and value of history in geometrical education. Educational Studies in Mathematics，47（2）：223-258.

Hacking I. 1975. The Emergence of Probability. A Philosophical Study of Early Ideas about Probability，Induction and Statistical Inference. London：Cambridge University Press.

Hald A. 1990. A History of Probability and Statistics and Their Applications before 1750. New York：John Wiley & Sons.

Harper E. 1987. Ghosts of diophantus. Educational Studies in Mathematics，（18）：75-90.

Heath T H. 1981. A History of Greek Mathematics. New York：Dover.

Heiede T. 1992. Why teach history of mathematics? The Mathematical Gazette，76（475）：151-157.

Hill H C，Ball D L，Schilling S G. 2008. Unpacking 'Pedagogical content knowledge'：Conceptualizing and measuring teachers' topic-specific knowledge of students. Journal for Research in Mathematics Education，39（4）：372-400.

Hsiao Y H，Chang C K. 2000. Using mathematics history and PCDC instruction model to activate underachievement students' mathematics learning. In Horng，W. S.，Lin，F. L.（eds.），Proceedings of the HPM 2000 Conference：History in Mathematics Education：Challenges for a New Millennium. Taipei（pp.162-170）. Taiwan：Department of Mathematics，Taiwan Normal University.

Hsieh C J，Hsieh F J. 2000. What are teachers' view of mathematics? An investigation of how they evaluate formulas in mathematics. In Horng，W. S.，Lin，F. L.（eds.），Proceedings of HPM 2000 Conference，Vol.I：98-111.

Hsieh F J. 2000. Teachers' teaching beliefs and their knowledge about the history of negative numbers. In Horng，W. S.，Lin，F. L.（eds.），Proceedings of HPM 2000 Conference，Vol.I：88-97.

Isoda M. 2007. Why we use historical tools and computer software in mathematics education：Mathematics activity as a human endeavor project for secondary school. In Furinghetti，F.，

Kaijser, S., Tzanakis C.（eds.）, Proceedings HPM2004 & ESU4（pp.229-236）. Uppsala Universitet（revised edition）.

Jacobbe T. 2012. Elementary school teachers' understanding of the mean and median. International Journal of Science and Mathematics Education, 10（5）: 1143-1161.

Jahnke H N. 1994. The historical dimension of mathema, tical understanding: Objectifying the subjective. In Ponte, J. P., Matos, J. F., Proceedings of the 18th International Conference for the Psychology of Mathematics Education（pp.139-156）. Lisbon: University of Lisbon.

Jahnke H N, Arcavi A, Barbin E, Bekken, et al. 2000. The use of original sources in the mathematics classroom. In Fauvel, J., van Maanen, J.（eds.）, History in Mathematics Education-The ICMI Study（pp.291-328）. Boston, MA: Kluwer.

Jankvist U T. 2009a. A categorization of the 'why' and 'how' of using history in mathematics education. Educational Studies in Mathematics, 71（3）: 235-261.

Jankvist U T. 2009b. On empirical research in the field of using history in mathematics education. Relime, 12（1）: 67-101.

Jankvist U T. 2011. An implementation of two historical teaching modules: Outcomes and perspectives. In Barbin, E., Kronfellner, M., Tzanakis, C., History and Epistemology in Mathematics Education-Proceedings of the 6th European Summer University（pp.139-152）. Vienna: Holzhausen Publishing.

Jankvist U T, Kjeldsen T H. 2011. New avenues for history in mathematics education: Mathematical competencies and anchoring. Science & Education, 20（9）: 831-862.

Jankvist U T, Reidar M, Janne F, et al. 2012. Mathematical knowledge for teaching in relation to history. In 12th International Congress on Mathematical Education: 4210-4217.

Jones G A, Thornton C A, Langrall C W, et al. 2000. A framework for characterizing children's statistical thinking. Mathematical Thinking and Learning, 2: 269-307.

Juter K. 2006. Limits of functions as they developed through time and as students learn them today. Mathematical Thinking and Learning, 8（4）: 407-431.

Katz V. 1997. Some ideas on the use of history in the teaching of mathematics. For the Learning of Mathematics, 17（1）: 62-63.

Keiser J M. 2004. Struggles with developing the concept of angle: Comparing sixth-grade students' discourse to the history of angle concept. Mathematical Thinking and Learning, 6（3）: 285-306.

Kendall M G. 1960. Where shall the history of statistics begin? Biometrika, 47: 447-449.

Kidron I. 2003. Polynomial approximation of functions：Historical perspective and new tools. International Journal of Computers for Mathematical Learning，（8）：299-331.

Kjeldsen T H. 2012. Uses of history for the learning of and about mathematics：Towards a theoretical framework for integrating history of mathematics in mathematics education. In Proceeding Book 1 of HPM 2012（pp.1-22）. Daejeon：DCC.

Kjeldsen T H，Blomhøj M. 2009. Integrating history and philosophy in mathematics education at university level through problem-oriented project work. ZDM Mathematics Education，41：87-103.

Konold C，Pollatsek A. 2002. Data analysis as the search for signals in noisy processes. Journal for Research in Mathematics Education，33（4）：259-289.

Kool M. 2003. An extra student in your classroom：How the history of mathematics can enrich interactive mathematical discussions at primary school. Mathematics in School，32（1）：19-22.

Kourkoulos M，Tzanakis C. 2008. Contributions from the study of the history of statistics in understanding students' difficulties for the comprehension of the Variance. In Cantoral，R.，Fasanelli，F.，Garciadiego，A.，et al.（eds.），Proceedings of HPM2008，The Satellite Meeting of ICME 11（pp.1-25）. Mexico City：HPM.

Lampert M M. 2001. Teaching Problems and the Problems of Teaching. New Haven，CT：Yale University Press.

Lawrence S. 2008. History of mathematics making its way through the teacher networks：Professional learning environment and the history of mathematics in mathematics curriculum. Contribution to Topic Study Group 23 at ICME11.

Lawrence S. 2009. What works in the classroom-project on the history of mathematics and the collaborative teaching practice. In Proceedings from the CERME6 Working Group 15（pp.1-10）. CERME.

Leavy A，O'Loughlin N. 2006. Preservice teachers understanding of the mean：Moving beyond the arithmetic average. Journal of Mathematics Teacher Education，9：53-90.

Lit C K，Siu M K，Wong N Y. 2001. The use of history in the teaching of mathematics：Theory，practice，and evaluation of effectiveness. Education Journal，29（1）：17-31.

Liu P H. 2003. Do teachers need to incorporate the history of mathematics in their teaching? Mathematics Teacher，96：416-421.

Liu P H. 2007. The historical development of the fundamental theorem of calculus and its implications in teaching. In Furinghetti, F., Kaijser, S., Tzanakis C. (eds.), Proceedings HPM2004 & ESU4 (pp.237-246). Uppsala Universitet (revised edition).

MacCullough D. 2007. A Study of Expert's Understanding of the Arithmetic Mean. Doctoral dissertation, Penn State University.

Marnich M A. 2008. A Knoledge Structure for the Arithmetic Mean: Relationships between Statistical Conceptualizations and Mathematical Concepts. Doctoral dissertation, University of Pittsburgh.

Marshall G L, Rich B S. 2000. The Role of History in a Mathematics Class. Mathematics Teacher, 93 (8): 704-706.

Mathews D, Clark J. 2003. Successful Students' Conceptions of Mean, Standard Deviation and the Central Limit Theorem. Unpublished paper. Retrieved October 20, 2007, http://www1.hollins.edu/faculty/clarkjm/stats1.pdf.

McBride C C, Rollins J H. 1977. The effects of history of mathematics on attitudes toward mathematics of college algebra students. Journal for Research in Mathematics Education, 8 (1): 57-61.

Mevarech Z R. 1983. A deep structure model of students' statistical misconceptions. Educational Studies in Mathematics, 14: 415-429.

Mokros J, Russell S J. 1995. Children's concepts of average and representativeness. Journal for Research in Mathematics Education, 26: 20-39.

Mooney E S. 2002. A framework for characterizing middle school students' statistical thinking. Mathematical Thinking and Learning, 4 (1): 23-63.

Moreno L E, Waldegg G. 1991. The conceptual evolution of actual mathematical infinity. Educational Studies in Mathematics, (22): 211-231.

Nataraj M S, Thomas M O. 2009. Developing understanding of number system structure from the history of mathematics. Mathematics Education Research Journal, 21 (2): 96-115.

Noll J A. 2011. Graduate teaching assistants' statistical content knowledge of sampling. Statistics Education Research Journal, 10 (2): 48-74.

Ofir R. 1991. Historical happenings in the mathematical classroom. For the Learning of Mathematics, 11 (2): 21-23.

Panagiotou E N. 2010. Using history to teach mathematics: The case of logarithmas. Science and Education, 20 (1): 1-35.

Peard R. 2008. Quantitative literacy for pre-service elementary teachers within social and historical contexts. In Cantoral, R., Fasanelli, F., Garciadiego, A., et al. (eds.), Proceedings of HPM2008, The Satellite Meeting of ICME 11 (pp.1-9). Mexico City: HPM.

Perkins P. 1991. Using history to enrich mathematics lessons in a girls' school. For the Learning of Mathematics, 11 (2): 9-10.

Philippou G N, Christou C. 1998a. Beliefs, teacher education and history of mathematics. In Olivier, A., Newstead, K. (eds.), Proceedings of PME 22, 4: 1-9.

Philippou G N, Christou C. 1998b. The effects of a preparatorymathemtics programin changing prospective teachers' attitudes towards mathematics. Educational Studies in Mathematics, 35 (2): 189-206.

Plackett R L. 1970. The principle of the arithmetic mean. In Pearson, E., Kendall, M. G. (eds.), Studies in the History of Statistics and Probability (pp.130-135). London: Griffin.

Pollatsek A, Lima S, Well A D. 1981. Concept or computation: Students' understanding of the mean. Educational Studies in Mathematics, 12: 191-204.

Pritchard C. 2010. Creating and maintaining interest in the history of mathemaatics. Mathematics in School, 29 (3): 2-3.

Radford L. 2000. Historical formation and student understanding of mathematics. In Fauvel, J. van Maanen, J. (eds.), History in Mathematics Education—The ICMI Study (pp.143-170). Dordrecht: Kluwer Academic Publishers.

Radford L, Guérette G. 2000. Second degree equations in the classroom: A babylonian approach. In Katz, V. J. (ed.), Using History to Teach Mathematics (pp.69-75). Washington DC: Mathematical Association of America.

Radford L, Puig L. 2007. Syntax and meaning as sensuous, visual, historical forms of algebraic thinking. Educational Studies in Mathematics, 66: 145-164.

Ransom P. 1991.Whys and hows. For the Learning of Mathematics, 11 (2): 7-9.

Reed B M. 2007. The Effects of Studying the History of the Conception of Function on Student Understand the Concept. Ph.D. thesis, Kent State University.

Rogers L. 1991. History of mathematics: Resources for teachers. For the Learning of Mathematics, 11 (2): 48-51.

Safuanov I S. 2005. The genetic approach to the teaching of algebra at universities. International Journal of Mathematical Education in Science and Technology, 36 (2-3): 255-268.

Schubring G. 2000. History of mathematics for trainee teachers. In Fauvel, J., van Maanen, J. (eds.), History in Mathematics Education—The ICMI Study (pp.91-142). Dordrecht:

Kluwer Academic Publishers.

Selden A，Selden J. 1992. Research perspectives on conceptions of function：Summary and overview. In Harel，G.，Dubinsky，E.（eds.），The Concept of Function：Aspects of Epistemology and Pedagogy，MAA Notes，25（pp.1-16）. Washington，DC：Mathematical Association of America.

Shaughnessy J M. 1992. Research in probability and statistics：Reflections and directions. In Grouws，D.（ed.），Handbook of Research on Mathematics Teaching and Learning（pp.465-494）. New York：Macmillan.

Shaughnessy J M. 2007. Research on statistics learning and reasoning. In Lester，F. K.（ed.），The Second Handbook of Research on Mathematics（pp.957-1010）. New York：Information Age Publishing.

Shulman L S. 1986. Those who understand：Knowledge growth in teaching. Educational Researcher，15（2）：4-14.

Shulman L S. 1987. Knowledge and teaching：Foundations of the new reform. Harvard Educational Review，57（1）：1-22.

Siu M K. 2000. The ABCD of using history of mathematics in the（undergraduate）classroom.In Katz，V.（ed.），Using History to Teach Mathematics—An International Perspective，MAA Notes（Vol.51，pp.3-9）. Washington，DC：The Mathematical Association of America.

Siu M K. 2006. No，I don't use history of mathematics in my class：Why？. In Furinghetti，F.，Kaijser，S.，Tzanakis，C.（eds.），Proceedings HPM 2004 & ESU 4-Revised Edition（pp. 268-277）. Iraklion，Greece：University of Crete.

Siu M K，Tzanakis C. 2004. History of mathematics in classroom teaching—Appetizer？main course？or dessert？，Mediterranean Journal for Research in Mathematics Education，3（1-2）：v-x.

Skemp R R. 1976. Relational understanding and instrumental understanding. Mathematics Teaching，77：20-26.

Smith D E. 1900. Teaching of Elementary Mathematics. New York：The Macmillan Company.

Stigler S M. 1986. The History of Statistics：The Measurement of Uncertainty before 1900. Cambridge，MA：Harvard University Press.

Stigler S M. 1999. Statistics on the Table. The History of Statistical Concepts and Methods. Cambridge，MA：Harvard University Press.

Strauss S，Bichler E. 1988. The development of children's concept of the arithmetic average. Journal for Research in Mathematics Education，19：64-80.

Thomaidis Y. 1991. Historical digressions in Greek geometry lessons. For the Learning of Mathematics，11（2）：37-43.

Thomaidis Y，Tzanakis C. 2007. Historical evolution and students' conception of the order relation on the number line：The notion of historical 'parallelism' revisited. Educational Studies in Mathematics，66：165-183.

Thomaidis Y，Tzanakis C. 2009. The implementation of the history of mathematics in the new curriculum and textbooks in Greek secondary education. In Proceedings from the CERME6 Working Group 15（pp.1-10）. CERME.

Toeplitz O. 2007. The Calculus：A genetic Approach. Chicago：University of Chicago Press.

Treffers A. 1987. Three dimensions. A model of goal and theory description in mathematics instruction-The Wiskobas project. Dordrecht，the Netherlands：Reidel Publishing Company.

Tzanakis C，Arcavi A. 2000. Integrating history of mathmatics in the classroom：An analytic survey. In Fauvel，J.，van Maanen，J.（eds.），History in Mathematics Education—The ICMI Study（pp.201-240）. Dordrecht：Kluwer Academic Publishers.

Tzanakis C，Kourkoulos M. 2004. May history and physics provide a useful aid for introducing basic statistical concepts? In Furinghetti，F.，Kaisjer，S.，Vretblad，A.（eds.），Proceedings of the HPM Satellite Meeting of ICME-10 & the 4th Summer University on the History and Epistemology in Mathematics Education（pp.425-437）. Upsalla.

van Amerom B A. 2002. Reinvention of Early Algebra—Developmental Research on the Transition from Arithmetic to Algebra. Ph.D. thesis，The Freudenthal Inistitute，Utrecht.

van Amerom B A. 2003. Focusing on informal strategies when linking arithmetic to early algebra. Educational Studies in Mathematics，54：63-75.

van Maanen J. 1991. L'Hôpital's weight problem. For the Learning of Mathematics，11（2）：44-47.

van Maanen J. 1992. Seventeenth instruments for drawing conic sections. The Mathematical Gazette，76（476）：222-230.

Varberg D E. 1963. The development of modern statistics. The Mathematics Teacher，（4）：252-257.

Wang K，Wang X，Li Y，et al. 2018. A framework for integrating the history of mathematics into teaching in Shanghai. Educational Studies in Mathematics，98（2）：135-155.

Wang X，Qi C，Wang K. 2017. A categorization model for educational values of history of mathematics：An empirical study. Science & Education，26：1029-1052.

Watson J M. 1997. Assessing statistical thinking using the media. In Gal, I., Garfield, J. B. The Assessment Challenge in Statistics Education（pp.107-121）. Amsterdam: IOS press and The International Statistical Institute.

Watson J M. 2007. The role of cognitive conflict in developing student'understanding of average. Educational Studies in Mathematics, 65: 21-47.

Watson J M, Moritz J B. 1999. The developments of concepts of average. Focus on Learning Problems in Mathematics, 21（4）: 15-39.

Watson J M, Moritz J B. 2000. The longitudinal development of understanding of average. Mathematical Thinking and Learning, 2（1-2）: 11-50.

Wild C J, Pfannkuch M. 1999. Statistical thinking in empirical enquiry. International Statistical Review, 67（3）: 223-265.

Wilson P S, Chauvot J B. 2000. Who? How? What? A strategy for using history to teach mathematics. Mathematics Teacher, 93（8）: 642-645.

Zawojewski J S, Shaughnessy J M. 2000b. Mean and median: Are they really so easy? Mathematics Teaching in the Middle School, 5（7）: 436-440.

Zawojewski J S, Shaughnessy J S. 2000a. Data and chance. In Silver, E. A., Kenney, P. A.（eds.）, Results from the Seventh Mathematics Assessment of the National Assessment of Educational Progress（pp.235-268）. Reston, VA: National Council of Teachers of Mathematics.

Zormbala K, Tzanakis C. 2004. The concept of the plane in geometry: Elements of the historical evolution inherent in modern views. Mediterranean Journal for Research in Mathematics Education, 3（1-2）: 37-61.

附录 1　平均数概念的课后学习单

班级________　学号________　姓名________　性别________

同学们，我们在平均数的教学中，采用了在数学教学中融入数学历史的方法，讲授了这个概念，但由于教学时间有限，平均数的一些历史知识不可能在课堂上全部讲授。为了更好地理解平均数的概念，现补充以下 3 个平均数的历史知识，请你认真阅读这些材料，完成相应的问题。

学习单 1　天文学中的平均数

古代天文学家把观测数据取平均数作为估计值。16 世纪末期，丹麦天文学家布拉赫（1546—1601 年）把对一个数量重复观察和把观察数据分组的技巧介绍到科学方法中。他在 6 年时间里对某一天文量进行重复观测得到一组观察值，并取这组数据的平均数作为真实值的估计值。

辛普森（1710—1761 年）在 1755 年向皇家学会宣读的《在应用天文学中取若干个观测值的平均数的好处》一文中指出，在天文学界，取算术平均数的做法并没有被多数人所接受。他认为，当有多个观测值时，应选择其中那个“谨慎地观测”所得的值，认为这比平均数可靠。辛普森试图证明，若以观测值的平均数估计真值，误差将比单个观测值要小，且随着观测次数的增加而减小。

1809 年，高斯（1777—1855 年）在其数学和天体力学名著《天体运动理论》中写道：如果在相同的条件下，观测者具有同样的认真程度，那么，任何一个观测对象多次观测值的算术平均数，提供了这个观测对象最可能的取值，即使不是太严格，但至少十分接近，使得它总是一个最安全的取值。

练习：用直尺测量你自己的“拃长”。连续测量 10 次，把数据记录下来（单位：厘米，保留一位小数）填在下表中。

次数	1	2	3	4	5	6	7	8	9	10	估计值
拃长											

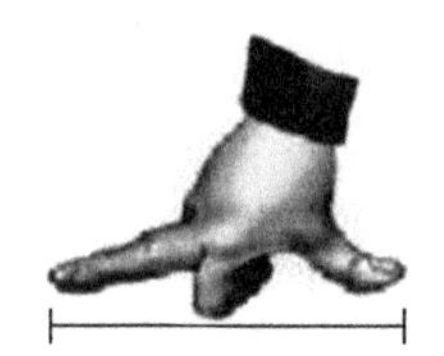

问：

1. 如何确定你的“拃长”的估计值。

2. 把一个物体重复测量取平均数的目的是什么？请你做出解释。

学习单2　航海贸易中的平均数

如前所述，平均数还起源于航海贸易中的公平分享。这就涉及计算平均数，一组数据的平均数是什么含义？也许你会打个比方：有一组数据1、1、2、3，是我们每人手头现有的钱（单位：元），现在，我们四个人决定平均分配贫富，大家将钱全都集中到一起，一共是7元，然后再将这些钱平分给每个人，那么，每人都分到1.75元，这1.75就是原来那组数据的平均数。不错，汇总然后平分既是计算平均数的过程，也是从不平均到平均的过程。

在这组数据中，凡是比平均数大的数与平均数的差都是正数，比平均数小的数与平均数的差都是负数，与平均数一样大的数（如果有的话）与平均数的差恰好为零。那么，将所有的差相加会是什么呢?

尝试一下，就以这组数据为例，所有的差之和是：

$$
\begin{aligned}
&(1-1.75)+(1-1.75)+(2-1.75)+(3-1.75)\\
&=(-0.75)+(-0.75)+0.25+1.25\\
&=(-1.5)+1.5\\
&=0
\end{aligned}
$$

经过均贫富，两个原来只有1元钱的人都额外得到了0.75元，他们得到的这1.5元正是另外两个人一起付出的1.5元，正负相抵，相加应该为零。

一般地，假如这组数据是由a、b、c、d四个数组成的，它们的平均数是m，那么，所有的差相加是：

$$
\begin{aligned}
&(a-m)+(b-m)+(c-m)+(d-m)\\
&=a+b+c+d-4m\\
&=4m-4m=0
\end{aligned}
$$

问题：1. 上面例子说明，一组数据中每个数与平均数之差的和为零。即对于一组数据x_i，它的平均数是$\overline{x}$，则$\sum_{i=1}^{n}\left(\overline{x}-x_i\right)=0$。请你证明这个结论。

2. 平均指把一列累加起来的不等量平均分配到每一个个体。请结合自己的学习和生活情况，你认为平均数概念体现了一种什么样的精神？请你作出解释。

学习单 3　魁特奈特和他的“平均人”

1831 年，比利时天文学家魁特奈特（1796—1874 年）提出了“平均人”的概念，这是他虚拟的一个人。魁特奈特是首次使用平均数作为总体某一个方面的代表值的科学家，这种从真实值到统计意义下代表值的转换是一个重要的观念性改变。这个名词所蕴含的概念，直到今日仍非常流行。甚至一些“普普通通的人”也在日常生活中不知不觉地用到这一概念。

“平均人”定义为这样一个人，他在一切重要的指标上都具有某群体中一切个体相应指标的算术平均值。例如，我们说，某城市男大学生的“平均人”身高 1.72 米，体重 64 公斤，每月生活费 500 元，每天看报纸 35 分钟，等等，这种人在现实中不存在，但给人真实的感觉。

对每一个有社会意义的群体，都有其平均人存在。故“平均人”是一个大家族，其定义也有伸缩性，即平均人不一定在“一切”指标上都具有群体平均值，而可以只有某些研究者感兴趣的特定指标。例如某学生在语文上是“平均人”，但数学成绩却高于“平均人”的成绩。

使用“平均人”的目的是理顺人们在社会中存在的各种差异，并在某种程度上归纳出社会的正常规律。

问：

1. 平均数不一定等同于给出数据集合中的某个数据，尽管给出的数据都是整数，但平均数可能是一个分数，这个分数一定具有实际意义吗？

2. 请解释你对“某城市平均每个人每天看 1.5 小时电视和平均每个家庭有 2.5 个人”的理解。

附录 2　平均数、中位数和众数前测问卷

班级__________　学号__________　姓名__________　性别__________

各位同学：您好！本问卷是关于对平均数、中位数和众数理解情况的调查，请您认真作答，谢谢您的合作！

1. 有 19 位同学参加歌咏比赛，所得的分数互不相同，取得分数排在前 10 名的同学进入决赛，某同学知道自己的分数后，要判断自己能否进入决赛，他需要知道这 19 名同学比赛成绩的（　　）。说明理由。

A. 平均数　　B. 中位数　　C. 众数

理由：________________

2. 某班学生去登山，他们顺着台阶拾级而上，每个同学边爬边数台阶，最后每个同学都得到一个数字，则台阶级数可以由这组数据的（　　）表示出来。说明理由。

A. 平均数　　B. 中位数　　C. 众数

理由：________________

3. 一个教师为了调查某镇每个家庭的平均孩子数，他数出这个镇上所有的孩子个数，然后再除以家庭总数 50，得到每个家庭的平均孩子数为 2.2，试判断下列说法哪一个是正确的，并说明理由。

A. 在这个镇上，有一半的家庭，他们的孩子个数超过 2 个。

B. 有 3 个孩子的家庭比有 2 个孩子的家庭多。

C. 这个镇上共有 110 个孩子。

D. 这个镇上的每个家庭有 2.2 个孩子。

E. 大多数家庭有 2 个孩子。

F. 以上都不对。

理由：________________

4. 某人 11 天花在因特网上的时间分别为（单位：分）：50、276、57、50、62、53、72、71、63、60、22。求出平均数、中位数和众数，用其中哪一个数最能描述他花费在因特网上时间的典型性？说明理由。

求解：________________

理由：________________

5. 某电影院 5 天的观众分别为：72 人、97 人、70 人、71 人、100 人。求出平均数、中位数和众数，你认为用哪一个数能更好地反映这 5 天每天看电影的观众人数？说明理由。

求解：________________

理由：________________

6. 学校要召开运动会，决定从初二年级 8 个班中抽调 40 名男生组成一个整齐的彩旗方阵队，如果从初二（1）班中任意抽出 10 位男生，得到 10 个男同学

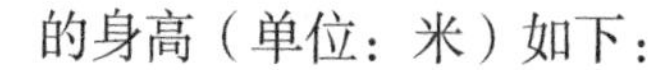
的身高（单位：米）如下：

1.58 1.55 1.63 1.61 1.61 1.58 1.70 1.61 1.53 1.60

请根据这 10 个身高值提供的信息，确定参加方队的学生身高，应选择（ ），并说明理由。

A. 平均数　　　　B. 中位数　　　　C. 众数

理由：________________

7. 一个学生把实验室某物体的一个样品称重 10 次，并计算出平均重量为 3.2 克，结果呈现在下图中。但该学生丢失了第 3 次和第 6 次的数据，问这两次的取值可能是多少呢？说明理由。

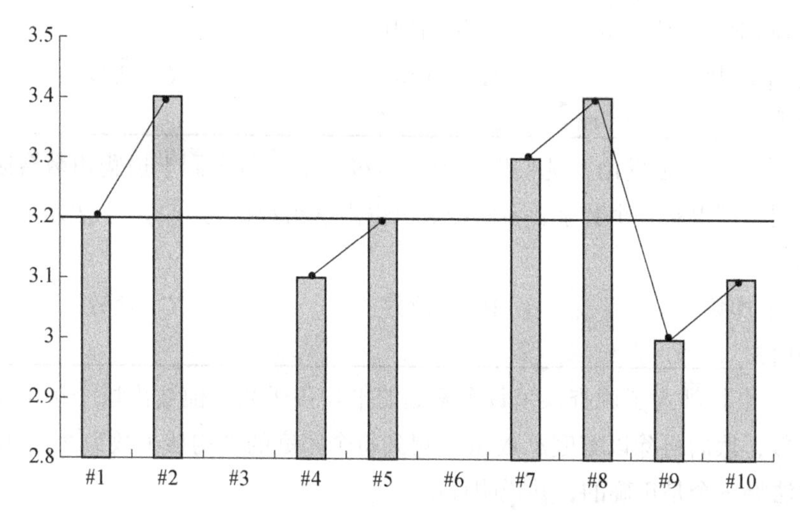

求解：________________

理由：________________

8. 某品牌汽车的销售公司有营销人员 14 人，销售部为制定营销人员的月销售汽车定额，统计了这 14 人在某月的销售量，如下表所示。

销售辆数	20	17	13	8	5	4
人　数	1	1	2	5	3	2

销售部经理规定每位销售员每月销售汽车定额为 9 辆，你认为是否合理？为什么？如果不合理，请你设计一个比较合理的销售定额，并说明理由。

附录3　平均数、中位数和众数后测问卷

班级_________　学号_________　姓名_________　性别_________

各位同学：您好！本问卷是关于对平均数、中位数和众数理解情况的调查，请您认真作答，谢谢您的合作！

1. 有12位同学参加演讲比赛，所得的分数互不相同，分数排在前6名的同学进入决赛，某同学知道自己的分数后，要判断自己能否进入决赛，他需要知道这12名同学比赛成绩的（　　）。说明理由。

A. 平均数　　B. 中位数　　C. 众数

理由：____________________

2. 某班学生去登山，他们顺着台阶拾级而上，每个同学边爬边数台阶，最后每个同学都得到一个数字，台阶级数可以由这组数据的（　　）表示出来。说明理由。

A. 平均数　　B. 中位数　　C. 众数

理由：____________________

3. 一个教师为了调查某镇每个家庭的平均孩子数，他数出这个镇上所有的孩子个数，然后再除以家庭总数50，得到每个家庭的平均孩子数为2.2，试判断下列说法哪一个是正确的，并说明理由。

A. 在这个镇上，有一半的家庭，他们的孩子个数超过2个。

B. 大多数家庭有2个孩子。

C. 这个镇上的每个家庭有2.2个孩子。

D. 这个镇上共有110个孩子。

E. 有3个孩子的家庭比有2个孩子的家庭多。

F. 以上都不对。

理由：____________________

4. 某人11天看电视的时间分别为45、256、52、45、57、48、67、66、58、55、17（单位：分钟）。用平均数、中位数和众数中的哪一个数最能描述他看电视的时间？说明理由。

理由：____________________

5. 某电影院5天的观众人数分别为：72人、97人、70人、71人、100人。

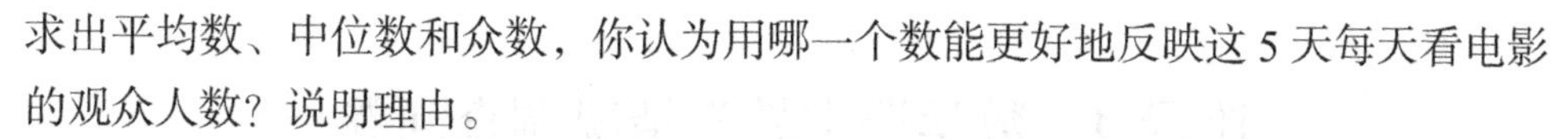

求出平均数、中位数和众数，你认为用哪一个数能更好地反映这 5 天每天看电影的观众人数？说明理由。

理由：____

6. 学校要召开运动会，决定从初二年级 8 个班中抽调 40 名男生组成一个整齐的彩旗方阵队，如果从初二（1）班中任意抽出 10 个男生，得到 10 个男同学的身高（单位：米）如下：

1.58　1.55　1.63　1.61　1.61　1.58　1.70　1.61　1.53　1.60

请根据这 10 个身高值提供的信息，确定参加方队学生的最佳身高值，应选择（　　），说明理由。

A. 平均数　　　　B. 中位数　　　　C. 众数

理由：____

7. 有 7 幢建筑物的高度如下图所示（单位：米）。问：请你估计它们的平均高度。说明你是如何估计这个高度的。

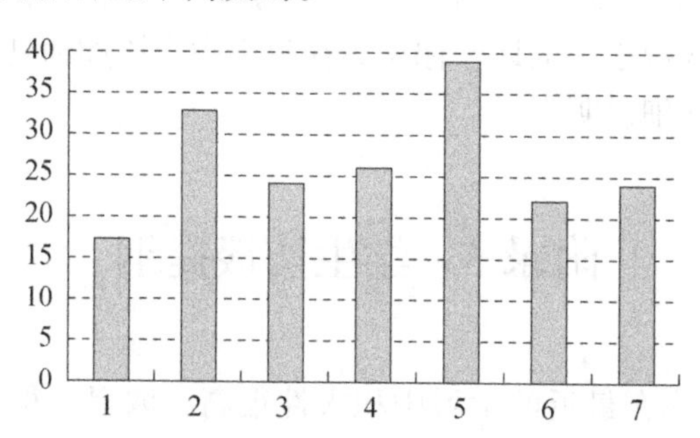

说明：____

8. 某车间为了改变管理松散的状况，准备采取“每天任务定额，超产有奖”的措施，从而提高工作效率。下面是该车间 15 名工人某一天各自装备机器的数量（单位：台）。

6　7　7　8　8　8　8　9　10　10　13　14　16　16　17

根据这组数据，你认为管理者应确定每人标准日产量为多少台？为什么？

说明：____

9. 某校举行青年数学教师讲课比赛，评委由 10 名学生代表、3 名骨干教师和 2 名专家组成。下表是评委给某位选手的打分。如果你是组织者，请你制定一个能反映参赛者实际水平的计算平均分的方法，并计算出平均分。

评委	学生代表	教师	专家
评分	92　91　91　90　62　88　91　92　93　96	84　86　86	78　80

附录 4　数学课堂教学情况调查问卷

同学们，我们在“数据的代表”这一节的教学中，采用在数学教学中运用数学历史的方法，讲授了平均数、中位数和众数这三个概念，请你谈谈你对这一部分教学的看法。本问卷不记名，请说出你的真实想法。

1. 老师在讲授平均数、中位数和众数这一部分时的方法和以前数学课的讲授方法有没有不同？不同之处在哪里？请你详细说明。

2. 有人批评，在数学教学中融入数学史，会耽误教学时间，影响学生的学习成绩。相反，有人认为数学教学中融入数学史，能激发学生的学习兴趣，加深对数学概念的理解。请根据自己学习平均数、中位数和众数的经历，谈谈对这两个论断的看法。

3. 在以后的数学学习中，你希望上在数学教学中融入数学史的课，还是上在数学教学中不融入数学史的课？你认为在教学中应该如何处理好数学史与数学知识的关系？请你详细说明。

附录 5　学生访谈提纲

1. 听老师说，你在最近的学习中积极性很高，取得了很大的进步，请你谈谈你取得了哪些方面的进步？产生这些进步的原因是什么？

2. 你对数学课堂上介绍的数学史知识感兴趣吗？

3. 你赞成在数学教学中引入数学史吗？

4. 你愿意了解有关数学史的知识吗？

5. 在这些课中，你最喜欢哪一节课？你最感兴趣的是哪一个内容？

6. 你对数学史知识和故事哪一个更感兴趣？

7. 你喜欢这种讲课方式吗？这种授课方式好吗？好在什么地方？

8. 你认为课堂上其他同学提出的方法对你有帮助吗？主要帮助在什么地方？

9. 你对现在的这种上课方法有什么建议？

附录 6　教师访谈提纲

1. 是否喜欢数学史？（实验前后比较）
2. 数学史知识对学生的学习有帮助吗？（实验前后比较）
3. 是否愿意在数学教学中运用数学史？
4. 以前在教学中运用数学史吗？请简单描述如何运用，与现在有什么区别？
5. 数学史有助于教师更好地组织教学吗？
6. 在数学教学中运用数学史，数学史起到什么作用？
7. 在数学教学中运用数学史，教师起到什么作用？
8. 影响数学教师运用数学史的因素有哪些？
9. 你认为应该如何评价数学教师是否在数学教学中有效地运用了数学史？
10. 通过这次教学实验，你的数学专业知识发生了哪些变化？
11. 通过这次教学实验，你的教学法知识发生了哪些变化？
12. 促进这些变化的策略和方法有哪些？

附录 7　数学活动：你是“平均学生”吗？

1831 年，比利时天文学家魁特奈特提出了“平均人”的概念，这是他虚拟的一个人。平均人不一定在“一切”指标上都具有群体平均值，而可以只是某些研究者感兴趣的特定指标。这种人在现实中不一定存在，但给人真实的感觉。使用“平均人”的目的是理顺人们在社会中存在的各种差异，并在某种程度上归纳出社会的正常规律。

为了描述一个班的“平均学生”，我们可以调查全班学生某些方面的特征，收集相关数据，以及这些数据的集中程度。如果某个学生的各个数据接近这种集中程度，那么，这个学生就是这个班的“平均学生”。调查一下，你们班“平均学生”具有什么主要特征？

1）调查内容：全班同学的平均身高、平均体重、平均年龄（按月计）、每月零用钱、每周上网时间、每周看电视时间、每周做家务时间、平时最爱吃的水果等。

2）小组活动：全班同学分成 5 个小组，每个小组选择上述一个问题进行调查，并将数据整理在频数分布表中（含表头、调查内容、频数、代表值等），指出平均数、中位数和众数中哪个数能够最好地描述这些数据，并将调查结果在全班展示。

3）全班活动：将各组的结果汇总到一起，得到全班同学的一个“平均情况”，找出一个最能代表全班“平均情况”的“平均学生”。

4）个人活动：将自己与“平均学生”进行比较，你能得出什么结论？谈谈你的感受。

数学活动评价表

<table>
<tr><td colspan="2">活动名称</td><td>你是“平均学生”吗？</td><td>活动时间</td><td></td></tr>
<tr><td colspan="2">参加者</td><td></td><td>学号</td><td></td></tr>
<tr><td rowspan="10">自我评价</td><td colspan="4">你调查了什么问题？调查的范围、对象和数量是什么？</td></tr>
<tr><td colspan="4">解决调查问题时，你运用了哪些知识？</td></tr>
<tr><td colspan="2">你觉得这样的问题有趣吗？</td><td colspan="2">（很有趣　有趣　无所谓　无趣）</td></tr>
<tr><td colspan="2">你乐意参加这样的活动吗？</td><td colspan="2">（很乐意　乐意　无所谓　不乐意）</td></tr>
<tr><td colspan="2">通过活动，你感觉数学与生活有联系吗？</td><td colspan="2">（有联系　不知道　没联系）</td></tr>
<tr><td colspan="2">与同学交流合作中，你们是否相互尊重？</td><td colspan="2">（互相尊重　互不尊重　不知道）</td></tr>
<tr><td colspan="2">你对自己在这次活动中的表现满意吗？</td><td colspan="2">（很满意　满意　不太满意　不满意）</td></tr>
<tr><td colspan="4">你能对调查的结果作出解释吗？有什么感受和想法？</td></tr>
<tr><td colspan="4">你参与本次活动最大的收获是什么？</td></tr>
<tr><td colspan="4">你对这个“数学活动”的设计，有什么改进的建议？</td></tr>
<tr><td colspan="2">小组评价</td><td colspan="3"></td></tr>
<tr><td colspan="2">老师评语</td><td colspan="3"></td></tr>
</table>